TIM TAXIS

# Heiß auf Kaltakquise in 45 Minuten

Wie Sie das Vorzimmer erobern und
den Entscheider gewinnen

**Impressum**
Die Deutsche Bibliothek – CIP-Einheitsaufnahme

Taxis, Tim:
Heiß auf Kaltakquise in 45 Minuten
Wie Sie das Vorzimmer erobern und den Entscheider gewinnen

ISBN 978-3-00-037746-4

Herausgeber: Tim Taxis Trainings, Tim Taxis
Mauerkircherstraße 94, D-81925 München
www.tim-taxis.de, www.tim-taxis-trainings.de

Layout, Satz, Produktion:
text-ur text- und relations agentur Dr. Gierke,
Köln, www.text-ur.de

Der Inhalt dieses Buches wurde mit größtmöglicher Sorgfalt erstellt. Herausgeber und Autor können nicht für Schäden haftbar gemacht werden, die durch die Anwendung entstehen. Sie übernehmen keine Gewähr für die Vollständigkeit und Richtigkeit der recherchierten und publizierten Informationen. Trotz sorgfältiger inhaltlicher Kontrolle wird keine Haftung für die Inhalte zitierter Links übernommen. Für den Inhalt der zitierten Seiten sind ausschließlich deren Betreiber verantwortlich. Vorsorglich wird darauf hingewiesen, dass verwendete Bezeichnungen, Titel und Logos, die einem marken- oder urheberrechtlichen Schutz unterliegen, hier nur zu informatorischen Zwecken genannt werden. Titelbild: Tim Taxis, Fotograf: Stephan Heinrich. Im Buch wird aus Gründen der besseren Lesbarkeit die männliche Form gewählt, gemeint ist immer auch die weibliche!

ISBN 978-3-00-037746-4
Printed in Germany

## Was Ihnen dieser Praxis-Ratgeber bringt

Dieses Buch ist bewusst so kurz konzipiert, dass Sie es in 45 Minuten lesen können. Sie möchten noch mehr Erfolg am Telefon und Methoden, die sicher funktionieren? Dann werden Sie hier garantiert fündig!

**Dieser Ratgeber wird Sie dabei unterstützen**
- **authentisch**
- **noch einfacher**
- **mit echter Freude**
- **und überdurchschnittlich erfolgreich**

**im telefonischen Erstkontakt zum Ziel zu kommen!**

Egal, ob Sie Neueinsteiger oder erfahrener Akquise-Profi sind: Sie finden hier effektive Vorgehensweisen für Ihren Erfolg am Telefon.

Ich bin sicher: Wenn Sie ein- und umsetzen, was Sie in diesem kleinen Buch finden, dann werden auch Sie sicher bald „heiß auf Kaltakquise"! Das wünsche ich Ihnen von Herzen,

Ihr

*Tim Taxis*

tt@tim-taxis.de

PS: Wenn Sie nach der Lektüre dieses Buches noch mehr Praxis-Beispiele und Methoden möchten, empfehle ich Ihnen meinen Bestseller „Heiß auf Kaltakquise" (Haufe, 2011, 230 Seiten).

# Inhaltsverzeichnis

# 1 Heißstart: Akquise-Telefonate live

Damit Sie gleich zu Beginn einen Eindruck davon erhalten, wie erfolgreich Ihre Gespräche künftig – angereichert mit den Methoden dieses Buches – verlaufen können, starten wir mit konkreten Beispielen.

Bitte beachten Sie dazu: Das sind *meine* Beispiel-Formulierungen. Nutzen Sie später unbedingt *Ihre eigenen Worte*. Das heißt, wann immer Sie im Buch denken „Wow, das gefällt mir": nehmen Sie es 1:1. Wenn Sie sagen „Hm, ist schon gut, aber nicht meine Sprache", dann passen Sie es sich individuell an! Authentizität ist natürlich das A & O.

In den Folgekapiteln schauen wir uns die einzelnen Gesprächsphasen und deren psychologische Hintergründe Schritt für Schritt an. In 45 Minuten haben Sie bereits sämtliche Einzelbausteine an der Hand, sodass Ihre Gespräche ebenso einfach und erfolgreich verlaufen werden, wie in den folgenden Beispielen. Los geht's:

**Herr Müller, Sales Manager eines Speditionsunternehmens, möchte das Großhandelsunternehmen Huber GmbH akquirieren und ruft den Logistikleiter, Herrn Schmid, zum ersten Mal an:**

*Zentrale:* „Firma Huber, Neumann, grüß Gott!"
*Müller:* „Guten Morgen Herr Neumann, mein Name ist Martin Müller von der Firma LogiSpeed."
*Zentrale:* „Morgen."

*Müller:* „Grüß' Sie. Bitte verbinden Sie mich mit dem Vorzimmer von Wolfang Schmid."
*Zentrale:* „Einen Moment ..."
*Vorzimmer:* „Martina Schulz."
*Müller:* „Guten Morgen Frau Schulz, mein Name ist Martin Müller von der Firma LogiSpeed."
*Vorzimmer:* „Guten Morgen."
*Müller:* „Grüß' Sie. Sagen Sie, Frau Schulz, ist (der) Wolfgang Schmid heut' schon im Haus?"
Vorzimmer: „Ja, er ist da."
*Müller:* „Dann geben Sie ihn mir bitte kurz. Danke schön."
*Vorzimmer:* „Äh, ja, einen Moment bitte, ich verbinde."

Zu einfach, nicht realistisch? Vergleichen Sie mal mit Ihren eigenen Formulierungen. Die Finessen dieser Methode stecken in den psychologischen Details hinter den Formulierungen – und die schauen wir uns im weiteren Verlauf des Buchs noch im Detail an!
Nun gern eine Gangart härter im Vorzimmer:

*VZ:* „Martina Schulz."
*Müller:* „Guten Morgen Frau Schulz, mein Name ist Martin Müller von der Firma LogiSpeed."
*VZ:* „Guten Morgen."
*Müller:* „Grüß' Sie. Sagen Sie, Frau Schulz, ist (der) Wolfgang Schmid heut' schon im Haus?"
*VZ:* „Ja, er ist da. Worum geht es?"
*Müller:* „Um seine Logistikprozesse, speziell seine Seefrachtsendungen Asien. Bitte verbinden Sie mich mit ihm, danke ..."

*VZ:* „Äh, ja, einen Augenblick."

Falls Sie immer noch sagen „Nein, nicht realistisch", dann kommt jetzt dasselbe Gespräch noch in eiskalt:

(...)
*VZ:* „Ja, er ist da. Worum geht es?"
*Müller:* „Um seine Logistikprozesse, speziell seine See-frachtsendungen Asien. Bitte verbinden Sie mich mit ihm."
*VZ:* „Kennt er Sie denn schon?"
*Müller:* „Das ist der Grund meines Anrufs, zum Thema ‚See-frachtsendungen Asien' brauche ich seine Entscheidung als Logistikleiter. Bitte geben Sie ihn mir kurz."
*VZ:* „Äh, ja, einen Moment bitte ..."

Mit dieser Vorgehensweise bleiben Sie ehrlich und char-mant-souverän. Schon beim ersten Mal Ausprobieren wer-den Sie merken, wie einfach und effektiv Sie damit zum Ziel kommen können!

**Weiter geht's im Akquise-Telefonat:**
*Logistikleiter:* „Schmid."
*Müller:* „Guten Morgen Herr Schmid, mein Name ist Martin Müller von der Firma LogiSpeed."
*LL:* „Morgen."
*Müller:* „Herr Schmid, darf ich gleich zum Punkt kommen?"
*LL:* „Gerne."
*Müller:* „Zum Thema ‚Optimierung Ihrer Seefrachtsendun-gen Asien' möchte ich Sie gerne persönlich treffen – aber nur, wenn das für Sie Sinn macht; deshalb eine kurze Frage,

ist das okay?"

*LL:* „Äh ja, machen Sie mal …"

*Müller:* „Wenn es *eine* Sache im Bereich Ihrer Seefrachtsendungen Asien gibt, die noch nicht immer 100 % so läuft, wie Sie sich das als Logistikleiter vorstellen, welche *eine* Sache ist das? Woran denken Sie spontan?"

*LL:* „Ja, gut, also da sind die Hubs, da haben unsere Partner zum Teil verlängerte Lieferzeiten, weil alles zentral über die großen Verladestationen geht, das deckt sich nicht 100-prozentig mit unseren Wünschen …"

*Müller:* „Ah ja, versteh' Sie. Was wünschen Sie sich da konkret?"

*LL:* „Ganz einfach: kürzere Zeiten durch dezentrale Prozesse!"

*Müller:* „Das ist auch der Grund meines Anrufs bei Ihnen heute: Mit uns als Partner können Sie kürzere Zeiten durch dezentrale Prozesse erreichen. Ich schlage vor: Machen Sie sich Ihr eigenes Bild, wie das für Sie genau aussehen kann. Wann passt es Ihnen in der nächsten Woche am Besten, was meinen Sie?"

*LL:* „Mh, dann lassen Sie uns den Dienstagfrüh, 9 Uhr nehmen, ja!?"

(…)

Wenn Sie dieses Gespräch nochmals anschauen und vor Ihrem inneren Ohr nachklingen lassen – was geht Ihnen dabei durch den Kopf?

Die Frage: Kann es so einfach sein?

Ja, ganz sicher. Nicht immer, aber immer öfter mit den Methoden dieses Buches – nur: Ausprobieren müssen Sie's natürlich selbst!

Trotzdem sagen Sie „zu einfach, das Gespräch"? Gut, dann dasselbe Telefonat in der eiskalten Version:

*Logistikleiter:* „Schmid."

*Müller:* „Guten Morgen Herr Schmid, mein Name ist Martin Müller von der Firma LogiSpeed."

*LL:* sagt nix

*Müller:* „Darf ich gleich zum Punkt kommen?"

*LL:* „Was wollen Sie?"

*Müller:* „Für Ihre Seefrachtsendungen Asien wollen wir Ihr zusätzlicher Logistikpartner werden – aber nur, wenn das für Sie Sinn macht, dazu eine kurze Fra…"

*LL (unterbricht ihn):* „Nein, wir haben unsere langjährigen Partner und sind auch sehr zufrieden, kein Interesse! Danke!"

*Müller:* „Okay, dann hab ich nur eine *letzte* Frage, Herr Schmid, ist das okay?"

*LL:* „In Gottes Namen …"

*Müller:* „Aus Ihrer Sicht: Wenn es *eine* Sache im Bereich Ihrer Seefrachtsendungen Asien gibt, von der Sie sagen ‚Das will ich endlich vom Tisch haben', welche *eine* Sache ist das bei Ihnen?"

*LL:* „Naja, Ihr Logistik-Fritzen scheint ja mehr auf die eigenen Bedürfnisse zu achten als auf die Bedürfnisse Eurer Kunden!"

*Müller:* „Ah, dann sagen Sie's frei raus: Was wünschen Sie sich von einem Logistiker, der *wirklich* 1:1 auf *Ihre* Bedürfnisse eingeht?"

*LL:* „Naja, ich soll verlängerte Lieferzeiten in Kauf nehmen, weil die neuerdings alles zentral über die großen Verladesta-

tionen abwickeln. Spart Geld, so heißt es, aber merken tu'
ich davon nix, außer verlängerte Lieferzeiten."

*Müller:* „Ja, Sie haben Recht, manche machen das so – wir
nicht. Und Sie, was wünschen *Sie* sich konkret?"

*LL:* „Ist doch klar: kürzere Zeiten durch dezentrale Prozesse."

*Müller:* „Ja, Herr Schmid, das ist auch der Grund meines Anrufs: Wie Sie kürzere Zeiten durch dezentrale Prozesse mit
uns als Partner erreichen, das zeige ich Ihnen gerne in der
nächsten Woche anhand Ihrer konkreten Anforderungen und
unserer Referenzprojekte. Wann wollen Sie sich dazu Ihr eigenes Bild machen – nächste Woche am Freitag?"

*LL:* „Nein, nur der Donnerstag geht, 9 Uhr."

(...)

> *Fazit: Die Kaltakquise kann sehr viel einfacher sein, als
> die meisten meinen. Wenn wir uns von alten Vorge-
> hensweisen am Telefon verabschieden, werden auch
> die Kunden ganz andere Reaktionen zeigen. So wird die
> Kaltakquise sehr viel einfacher und angenehmer. Für Sie
> und den Kunden!*

## 2 Schluss mit Schema F in der Kaltakquise!

Keiner mag die Kaltakquise am Telefon. Woran liegt das? Ganz einfach: Wir erleben dabei meist sehr viel mehr Niederlagen als Erfolge. Nur: Das muss nicht sein – ganz im Gegenteil. Sie werden sehr bald schon ungeahnte Erfolgserlebnisse am Telefon haben! Aus der Erfahrung Tausender Menschen, die bereits mit meinen Methoden arbeiten, sind am Telefon Erfolgsquoten von 20% bis hin zu 50% möglich. Und jetzt überlegen Sie mal, was das künftig für Sie bedeuten wird ...

### 2.1 Warum die klassische Kaltakquise nicht mehr funktioniert

An der bisher hohen Misserfolgsquote in der Kaltakquise tragen *wir selbst* die Verantwortung! Was meine ich damit?
Wir machen am Telefon meist genau das, was dann zu dem führt, was wir am meisten fürchten: Misserfolg und Ablehnung. Indem wir mit alten Verhaltensmustern nach Schema F ins Gespräch starten, sind wir es meist selbst, die die Ablehnung und den Widerstand der Kunden provozieren!
Überlegen Sie einfach mal: Wenn Sie selbst im Büro angerufen werden ... mögen Sie klassische Akquise-Telefonate nach Schema F à la „Guten Tag, die Firma Gruber, Krämer mein Name. Wir sind ein führender Hersteller im Bereich XY und ich ... bla bla bla."? Oder noch schlimmer: „Guten Tag, die Firma Gruber, Krämer mein Name. Ich hoffe, ich störe nicht?" So was mag heute keiner mehr hören. Aber zu hören kriegt das so oder so ähnlich jeder, den wir anrufen. Misserfolg vorprogrammiert.

Hintergrund: Nicht nur wir selbst haben Muster (in unserer Kommunikation). Die Kunden haben ihrerseits Muster (in ihrer Wahrnehmung). Folge: Wenn wir nach Schema F ins Gespräch starten, drücken wir den Ablehnungsknopf des Kunden. Er denkt automatisch „Ach je, wieder einer, der mir was verkaufen will" – und schon folgt sein „Keine Zeit, kein Interesse, kein Bedarf" etc. Das sind alles keine ‚Neins in der Sache', das sind allesamt sogenannte ‚Ablehnungs-Neins'. Der Kunde hat schlicht keine Lust auf solch' ein Akquise-Gespräch. Er setzt sich mit dem, was wir anbieten, erst gar nicht auseinander. Dadurch sind die meisten Telefonate bereits zu Ende, bevor sie überhaupt angefangen haben.

> *Fazit: Heute bekommt niemand mehr gerne was verkauft – sonst kommt er sich für dumm verkauft vor. Aber selbst entscheiden und kaufen – das tut jeder gerne.*

Meine Empfehlung: Hören Sie auf zu verkaufen – im Sinne von (über-)reden – und sie werden automatisch erfolgreich sein!
Was meine ich damit?

Wer in einer frühen Gesprächsphase zu viel redet, ohne dem Kunden Fragen zu stellen, ohne ihn aktiv ins Gespräch einzubinden, ohne *ihn* reden zu lassen und ihm zuzuhören, der weckt beim Kunden nur den Eindruck: „Der will mir nur was aufschwatzen!". Und genau das mögen die Menschen heute nicht mehr. Wir haben es mit selbstbestimmten Kunden zu tun. Und das ist auch gut so.
Nach Schema F geht's also nicht. Wie dann?

## 2.2 Wie Sie heute ganz natürlich erfolgreich sind

Wir brauchen die alten Muster nur durch neue Vorgehensweisen ersetzen – und werden automatisch erfolgreich sein. Indem Sie Ihre Vorgehensweise am Telefon ändern, ändern Sie direkt die Reaktionen, die Sie erhalten. Starten Sie in Ihre Gespräche mit Eröffnungen, die den Ablehnungsimpuls gar nicht erst auslösen! Und vor allem: Ersetzen Sie mehr und mehr Ihre Sagetechniken durch Fragetechniken. Meister der Akquise sind Meister der Fragen – und eben nicht der Argumentation ...

Wenn *Sie* sich von jetzt an Schritt für Schritt von Ihren bisherigen Verhaltensmustern lösen und neue Wege gehen, dann drücken Sie den Ablehnungsknopf des Kunden erst gar nicht. Ergebnis: Maximale Reduktion der ‚Ablehnungs-Neins' und dadurch ungeahnte Erfolge in Ihrer Kaltakquise – und richtig Spaß dabei! Wie das genau geht, das schauen wir uns auf den Folgeseiten an.

### Beziehungsaufbau am Telefon

Sicher kennen Sie Sätze wie „Geschäfte werden von Menschen gemacht" bzw. „Business ist nichts anderes als die Verknüpfung menschlicher Beziehungen". Was heißt das für die Telefonakquise? Ganz einfach: Auf beiden Seiten ist ein Mensch! Was bringt uns diese vermeintlich simple Erkenntnis? Jeder Mensch möchte auch im Büroalltag – ganz einfach ausgedrückt – (persönlich) eine angenehme Zeit verbringen und sinnvolle Dinge tun (Business).

Konsequenz: Sorgen Sie dafür, dass der Mensch am anderen Ende der Telefonleitung das Gespräch mit Ihnen als an-

genehm empfindet, indem Sie eine angenehme Gesprächs-
atmosphäre aufbauen (das WIE = die Beziehungsebene).
Wenn Sie Ihr Anliegen zusätzlich noch so kommunizieren,
dass der Kunde versteht, dass es ihm etwas bringt (das WAS
= die Business-Ebene), dann werden Sie erfolgreich sein!

> *Fazit: Wenn Sie den Menschen für sich gewinnen, dann
> gewinnen Sie auch den Kunden!*

Deshalb kommt dem Beziehungsaufbau eine solch' zentrale
Bedeutung zu. Die folgenden Aspekte werden Ihnen dabei
helfen, den Menschen am anderen Ende zu erreichen:

- Bereiten Sie sich professionell vor
- Machen Sie es anders als die anderen: Schluss mit
  Schema F
- Lächeln Sie – das hört der Mensch am anderen Ende
- Begrüßen Sie den Kunden mit seinem Namen
- Achten Sie auf eine klare Aussprache und einen ange-
  nehmen Ton
- Suchen und nutzen Sie, wo möglich, Gemeinsamkeiten
- Zeigen Sie echtes Interesse: Fragen Sie und hören Sie
  aktiv zu
- Schenken Sie Ihrem Gesprächspartner 100 % Aufmerk-
  samkeit.

### 2.3 Der rote Faden im Akquise-Telefonat

Ich höre immer wieder Menschen sagen „Nein, Herr Taxis,
*ein* Rezept für die Kaltakquise gibt es sicher nicht!" Das *eine*,
allein seligmachende Rezept gibt es tatsächlich nicht. Aller-

dings haben doch alle Akquise-Gespräche – mögen sie auch noch so unterschiedlich sein – eine gemeinsame Grundstruktur. Es ist wie beim Kuchenbacken: Da gibt es zwar unzählige Arten von Kuchen und ebenso viele Rezepte. Allen gemein ist aber ein gewisser, strukturierter Ablauf beim Backen. Egal, welchen Kuchen Sie backen und welches Rezept Sie dazu verwenden: Wenn's gelingen soll, kommt die Hefe immer in den Teig, bevor Sie ihn in den Ofen schieben. Auch bei der Kaltakquise kommen einzelne Gesprächsphasen grundsätzlich vor anderen, z. B. kommt die Begrüßung immer vor der Gesprächseröffnung. Es gibt also einen roten Faden, der jedem Gespräch zugrunde liegt:

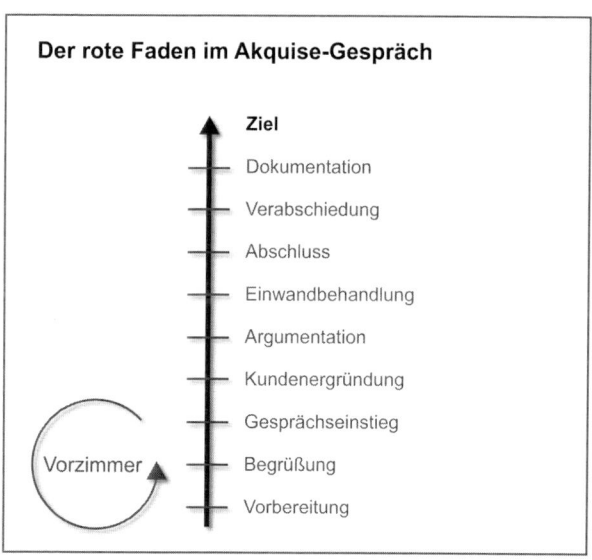

**Der rote Faden im Akquise-Gespräch**

Ziel
Dokumentation
Verabschiedung
Abschluss
Einwandbehandlung
Argumentation
Kundenergründung
Gesprächseinstieg
Vorzimmer — Begrüßung
Vorbereitung

Natürlich kann es sein, dass Kundeneinwände schon früher im Gespräch auftauchen als in der Darstellung oben. Sie kommen ja zum Teil schon direkt nach der Eröffnung. Es gibt also durchaus hier und da Abweichungen, eine gewisse Grundstruktur liegt dennoch allen Gesprächen zugrunde, nicht wahr?

Entsprechend dieser Grundstruktur ist auch dieses Buch aufgebaut. Wir gehen gleich Phase für Phase durch. Dabei reihen sich die einzelnen Elemente nahtlos aneinander, wie die Perlen einer Kette.

Diese Grundstruktur gilt es zu kennen – und für sich zu nutzen:

Durch gezielte Gesprächsführung wissen Sie immer, was der Kunde als nächstes macht bzw. welche Alternativen er hat – und wie Sie vorüberlegt damit umgehen werden.

> *Fazit: Wenn wir noch nicht so erfolgreich sind, wie wir uns das wünschen, dann hilft „mehr vom Gleichen" meist nicht wirklich. Gehen Sie neue Wege – und Ihre Erfolgsquoten bzw. Ihre Kunden werden es Ihnen danken.*

# 3 Ihre Vorbereitung: Darauf sollten Sie achten

Der erfolgreiche Abschluss beginnt mit der professionellen Vorbereitung. Es gilt die Maxime: so viel wie nötig und so wenig wie möglich.

## 3.1 Wen ruf' ich da eigentlich an?

Telefonieren Sie bitte nicht einfach drauf los. Machen Sie sich zunächst Gedanken darüber, wen genau Sie als Kunden haben wollen, Stichwort:

**Ihre Zielgruppe**
Nicht jedes Unternehmen passt zu Ihnen und Ihrem Angebot. Damit Ihre Akquise-Maßnahmen effizient sind, trennen Sie im Vorfeld die Spreu vom Weizen und definieren Ihre Zielgruppe. Mit Zielgruppe sind alle Unternehmen gemeint, deren Geschäftsmodell, Anforderungen und Bedarf grundsätzlich zu Ihrem Angebot passen. Zur Definition Ihrer Zielgruppe können Sie bei Ihrer eigenen Positionierung starten: Wofür stehen Sie? Was können Sie besser als andere? Welche Probleme lösen Sie/Ihr Angebot? Wer hat solche Themen bzw. welche Unternehmen können davon profitieren?
Oder Sie schauen sich die Branchen bzw. Unternehmen an, die bereits zu Ihren Kunden gehören und leiten Ihre Zielgruppe daraus ab.
Sobald Sie Klarheit über Ihre Zielgruppe haben, stellen Sie sich eine möglichst umfängliche Adressliste zusammen, sodass Sie auf lange Zeit ausreichend Akquise-„Futter" haben.

**Die Zielperson**

Fragen Sie sich: Wer ist meine jeweilige Zielperson im Unternehmen, mit wem will ich sprechen? Und da kann es nur einen geben: den Entscheider. Mit Entscheider bezeichnen wir diejenige Person, die die Budgethoheit hat. Oder anders formuliert: Alle anderen haben nur Budget, der Entscheider macht es.

Entscheider können ganz unterschiedliche Titel und Funktionen tragen. Sie müssen natürlich nicht automatisch an den Vorstand einer Aktiengesellschaft oder an den Geschäftsführer einer GmbH herantreten. Entscheidend ist, wer die Budgethoheit über Ihr Angebot/Thema hat.

Es gibt nur gute Gründe, beim Entscheider anzusetzen, denn:
*Bei allen anderen richtet sich die Entscheidung nach dem Budget – beim Entscheider richtet sich das Budget nach seiner Entscheidung!*
... und das ist sicher nicht der Fall beim Einkauf oder bei einem Sachbearbeiter der Fachabteilung ...
Finden Sie also den Entscheider und freuen Sie sich auf das Gespräch mit ihm!

**Individuelle Vorbereitung**

Bevor Sie den Hörer in die Hand nehmen und die erste Nummer wählen, holen Sie noch einige Informationen, die für Ihren Akquise-Erfolg relevant sind. Hilfreiche Aspekte können sein:

- Geschäftsmodell und Branche des Unternehmens
- Aktuelle Branchen-Trends

- Aktuelle Unternehmensnachrichten
- Ansatzpunkte fürs Geschäft
- Organisationsstruktur und Standorte
- Interner Entscheidungsprozess
- Eigene Referenzen in der Branche des Kunden
- Historie mit dem Unternehmen, falls vorhanden
- Informationen zur Zielperson
- Gemeinsamkeiten (mit Unternehmen bzw. Person) u. Ä.

*Denken Sie bitte immer daran: So viel Vorbereitung wie nötig und so wenig wie möglich.*
Wenn Sie im B2B-Massengeschäft tätig sind, reichen eine bis zwei Minuten Vorbereitungszeit pro Unternehmen sicherlich zumeist aus. Wenn das komplexe B2B Ihr Geschäft ist und Sie einzelne Großprojekte akquirieren wollen, dann kann durchaus eine Vorbereitungszeit von 60 Minuten pro Unternehmen sinnvoll sein. Mehr (brauchen Sie) nicht! Sonst verlieren Sie sich nur in – wie ich es nenne – Alibi-Akquise-Aktivitäten. Gibt ja schließlich ein gutes Gefühl, so viel Zeit in die Akquise-Vorbereitung zu stecken – schließlich „tut man ja was". Nur wirklich nötig ist derlei Aufwand für den erfolgreichen Erstkontakt am Telefon eben nicht ...

### 3.2  Ihr optimaler Arbeitsplatz für die Akquise

Mit der optimalen Akquise-Umgebung erleichtern Sie sich Ihre Arbeit. Achten Sie dabei auf folgende Rahmenbedingungen:
- Telefon
Am besten arbeiten Sie mit Head-Set oder Knopf im Ohr (mit

Kabel oder ohne; gibt es für jedes Festnetzgerät für kleines Geld). Mit zwei freien Händen können Sie sich während des Telefonats einfach leichter Notizen machen.

Bitte lassen Sie auch immer Ihre Nummer anzeigen, alles andere ist heutzutage unprofessionell und wirkt tendenziell „verdächtig".

Ihr Telefon stellen Sie, solange Sie akquirieren, falls möglich, auf einen Kollegen um, und Ihr Handy ist aus.

• Schreibmaterial
Machen Sie sich handschriftliche Notizen. Legen Sie sich dazu immer einen Block und einen funktionsfähigen Stift bereit.

• Kalender
Sorgen Sie dafür, dass Sie Ihren Kalender offen haben. So können Sie Terminvorschläge unterbreiten, ohne suchen zu müssen.

• Computerbildschirm
Haben Sie immer auch die Homepage des Kundenunternehmens geöffnet. Ein kurzer Blick während des Telefonats kann helfen, um ein Stichwort aufzugreifen. Ich persönlich hole mir auch immer ein Foto des Gesprächspartners im Internet (über XING oder die Google-Bilder-Suche) und „schaue dem Menschen in die Augen", wenn ich telefoniere. Das macht das Ganze persönlicher, vertrauter. Probieren Sie es aus!

• Leitfaden
Arbeiten Sie unbedingt mit einem Leitfaden. Ob Sie ihn für jedes Gespräch 1:1 heranziehen, ob er ausformuliert ist oder nur in Stichworten: Sobald Sie Gefahr laufen, Ihren Faden in

der heißen Phase der Kaltakquise zu verlieren, ist es gut zu wissen, dass Sie ihn auf dem Tisch wiederfinden können. Ich höre immer wieder Menschen sagen „Die Kaltakquise ist wie ein Abenteuer – man weiß vorher nie, was einen erwarten wird!" Meine Meinung dazu: Das ist Quatsch mit Soße!

Ich weiß, dass dieser Gedanke – gerade für erfahrene Vertriebler – nicht leicht anzunehmen ist. Und zugegeben: Ich habe auch einige Jahre gebraucht, um das zu erkennen und mich darauf einzulassen. Sobald Sie jedoch erkennen, dass es sich um einen weitestgehend planbar-strukturierten Prozess handelt, arbeiten Sie sehr viel effektiver. Denn auf die vorhersehbar auftretenden Situationen können Sie sich mittels eines Leitfadens vorbereiten und wissen immer, was als nächstes kommt.

Falls Sie Angst haben, dass Sie mit einem Leitfaden „wie abgelesen" klingen – seien Sie beruhigt, wird eh nicht der Fall sein – sprechen Sie Ihre Worte und Bausteine einfach ein paar Mal in den Raum hinein.

Tipp: Diverse Beispiele und Vorlagen für Leitfäden finden Sie in meinem Buch „Heiß auf Kaltakquise" (Haufe, 2011) inklusive eines Passworts zum Download von meiner Homepage.

• Sonstiges

Das kann eine Checkliste (z. B. eigene Produktinformationen), der Auswertungsbogen Ihrer Telefonaktion oder auch ein Diktiergerät sein. Tipp: Ich nehme mich bis heute bei vielen meiner Kaltakquise-Telefonate selbst auf. Das ist ein großer Vorteil für das eigene kontinuierliche Lernen und Verbessern. Probieren Sie's aus!

• Sonst nichts

Alles, was Sie ablenkt oder gar stört, hat für den Zeitraum Ihrer Akquise nichts an Ihrem Arbeitsplatz verloren.

### 3.3 Wie der Griff zum Telefon zur reinen Freude für Sie wird

So, nachdem nun alles „im Außen" (Ihr Arbeitsplatz etc.) für die Akquise vorbereitet ist, braucht's jetzt nur noch Ihre Vorbereitung „im Inneren" – denn Sie wissen sicherlich: Der Erfolg sitzt zwischen den Ohren!

Der telefonische Erstkontakt ist für die meisten von uns ja mit vielen Gefühlen verbunden, nur nicht mit positiven. Wenn es Ihnen auch so geht, dann freuen Sie sich schon mal, denn: Das ändern wir jetzt! Bald werden Sie echte Freude daran haben, täglich bzw. wann immer Sie es brauchen, zum Telefon zu greifen, um potenzielle Neukunden anzurufen.

**Was Ihnen jeder einzelne Wählversuch bringt**

Die meisten sehen sie als müßig an, diese vielen Wählversuche, bei denen man anruft und den gewünschten Gesprächspartner wieder nicht erreicht. Oder sie lassen sich durch Nicht-Erfolge am Telefon frustrieren. Das muss nicht sein! Hier ist (m)ein Gedanke für Sie:

Damals, in meinem ersten Vertriebsjob, rechnete ich für mich aus: Ich musste im Schnitt 3 Mal wählen, um 1 Entscheider ans Telefon zu kriegen; wenn ich 10 Entscheider am Telefon hatte, bekam ich 1 Termin. Aus jedem zweiten Termin nahm ich 1 Anfrage mit und habe 1 Angebot erstellt. Aus jedem dritten Angebot kam 1 Auftrag im Durchschnittswert von 10.000,- D-Mark zustande.

Das heißt rückgerechnet: 10.000,- DM geteilt durch 3 (Angebote nötig für einen Auftrag) = 3.333,- DM, geteilt durch 2 (Termine nötig je Angebot) = 1.666,- DM, geteilt durch 10 (Anrufe nötig je Termin) = 166,- DM, geteilt durch 3 (Wählversuche je Entscheiderkontakt) = 55,33 DM. Das hieß für mich: Jedesmal, wenn ich zum Hörer griff – egal, mit welchem Ergebnis! –, hatte ich gerade 55,33 DM zusätzlich gemacht.

Gut, dass ich mir das ausgerechnet hatte, denn: Dafür nahm ich den Hörer gern in die Hand! Und daran dachte ich, wenn ich an Akquise dachte. Jetzt griff ich sogar lieber einmal mehr zum Hörer als einmal weniger.

Nehmen Sie sich jetzt bitte eine Minute und rechnen Sie gleich mal aus, was Ihnen jeder einzelne Griff zum Hörer in Euro bringt (falls Sie Telesales betreiben – also direkt übers Telefon verkaufen – entfällt der Termin-Schritt natürlich).

Jedesmal, wenn Sie zum Hörer greifen – egal, mit welchem Ergebnis! –, haben Sie sich XXX Euro verdient (XXX steht für Ihren individuellen Wert, den Sie sich gerade ausgerechnet haben). Na, was sagen Sie? Macht das Lust aufs Telefonieren?

Für den Fall, dass Sie nach Ihrer Rechnung noch nicht ganz begeistert sind, wählen Sie künftig einfach Unternehmen aus, die ein größeres Umsatzpotenzial haben, als die, die Sie bislang anrufen. Der jeweilige Akquise-Aufwand ist eh derselbe – nur der Ertrag ist größer. Dann sehen die Zahlen gleich anders aus.

**Ihr Umgang mit dem Nein**

*Jedes Nein ist eine Lernchance – wenn Sie sie nutzen!*

Zu Beginn meiner Karriere, in meinem ersten Vertriebsjob, lag meine leistungsabhängige Vergütung bei 50% meines Gehalts. Dumm nur: Ich hatte von Vertrieb, geschweige denn Akquise, damals null Ahnung. Und dies spiegelte sich 1:1 in meinen Akquise-Ergebnissen wider. Ich kann Ihnen sagen ... wenn Sie keinen Erfolg haben, dann fühlen sich 50% variable Vergütung extrem schlecht an ...

Dann aber – nach gerade mal zwölf Monaten – war ich umsatzmäßig der beste Vertriebler im Unternehmen. Mein Vertriebsleiter kam darauf eines Morgens zu mir, baute sich mit verschränkten Armen vor mir auf und fragte: „Herr Taxis, was ist das Geheimnis Ihres Erfolgs?"

Damals wie heute glaube ich fest daran, dass mich nichts, wirklich nichts, von allen anderen Vertrieblern unterscheidet. Bis auf eine Sache. Und diese eine Sache macht den Unterschied! Hoffentlich nicht mehr lange, denn hier ist „das Geheimnis meines Erfolgs" für Sie: Aus der Not geboren machte ich etwas, was für mich fortan so selbstverständlich war, dass ich gar nicht wusste, dass mich dies von den allermeisten da draußen bis heute unterscheidet:

*Ich habe mein Tun reflektiert.*

Oder anders ausgedrückt, ich habe mir nach jedem Akquise-Telefonat und nach jedem Vor-Ort-Termin die folgenden Fragen bewusst gestellt und beantwortet:

- **Wie lief's (Ziel erreicht oder nicht)?**
Erfolg ist immer das Erreichen vorher gesetzter Ziele – und in der Telefonterminierung (Ziel: qualifizierter Termin) bzw. im Telesales (Ziel: Anfrage) ist es leicht einzuschätzen: Ziel erreicht oder nicht.

- **An welcher Stelle hat sich die Situation entschieden?**
Meiner Erfahrung nach gibt es für jedes Akquisetelefonat einen „Schlüssel- bzw. Wendepunkt". Diesen entscheidenden Moment gilt es bewusst zu erkennen – gerade in der Rückschau.

- **Was habe ich da gesagt/gemacht und wie genau?**
Ihre präzise Analyse wird Ihnen ungemein dabei helfen, Ihre Stärken zu erkennen bzw. Ihre Verbesserungspotenziale transparent zu machen.

- **Wie mache ich es beim nächsten Mal?**
Und darauf kommt es nun an! Wir tun oft Dinge, ohne uns darüber bewusst zu sein – auch wenn sie erfolgreich sein mögen ...

Wenn mein Tun also erfolgreich war, dann hab ich mir direkt in meinem Leitfaden notiert, was ich in der betreffenden Situation gemacht habe, um es für die nächste ähnliche Situation sicher und bewusst wieder zur Verfügung zu haben.

Wenn mein Tun nicht erfolgreich war, habe ich mir sofort im Anschluss – solange der Eindruck noch frisch war – überlegt, wie ich es bei der nächsten ähnlichen Situation besser mache. Und das habe ich mir – selbstverständlich! – ebenfalls immer notiert.

> *Fazit: Tragen Sie sich Ihre Stärken bzw. Verbesserungsansätze direkt in Ihren Leitfaden ein. Machen Sie sich das zur Gewohnheit: Reflektieren Sie jedes (!) Telefonat.*

Denn wenn Sie künftig nach jeder wichtigen Situation Rückschau halten und über Ihr Tun und dessen Wirkung reflektieren, dann werden Sie sich kontinuierlich, ganz automatisch verbessern.

Ein Kunden-Nein kann also hilfreich und konstruktiv sein – wenn Sie offen sind, sich kontinuierlich verbessern wollen, und wenn Sie Ihr Tun reflektieren. Jedes Nein ist eine Lernchance, die sie ab jetzt konsequent nutzen sollten.

**Noch ein hilfreicher Gedanke zum Umgang mit dem Nein**
Ich habe eine weitere Erkenntnis aus meinem ersten Vertriebsjob mitgenommen: Als meine Erfolgsquote bei 10 % lag – also aus 10 Entscheider-Telefonaten 1 Termin wurde – habe ich erkannt, dass ein Nein nichts weiter ist als ein Verbindungsstück zum nächsten Ja. Meine statistische Praxis-Auswertung hatte ergeben, dass ich nur gut vorbereitet zum Hörer greifen und mit zehn Entscheidern sprechen muss, um im Schnitt ein Erfolgserlebnis zu haben. Dieser Gedanke gab mir ein fast beschwingtes Gefühl. Warum?

Zuvor ging ich ins Büro, habe mir die ersten fünf, sechs Neins abgeholt – und gab dann oft frustriert auf mit Ausflüchten wie „Nicht der richtige Tag", „heute einfach kein Glück", „den falschen Anzug an" – Sie kennen das sicher ...

Als ich verstanden hatte, dass ich die neun Neins richtiggehend brauchte, um zum nächsten Ja zu kommen, war das fast wie eine kleine Erleuchtung für mich! Jetzt ging ich morgens ins Büro, holte mir meine ersten fünf, sechs Neins – und Freude stieg langsam aber sicher in mir auf. Ich wusste ja in Kenntnis meiner 10 % Erfolgsquote: Die meisten Neins hab' ich bereits hinter mir, dem nächsten Ja bin ich jetzt näher denn je, weil eh klar: „Gleich muss es kommen, das Ja!" Sehen Sie, was ich meine?
Und wenn einmal 19 Neins hintereinander kamen – zuvor ausreichend Grund zur totalen Resignation – konnte ich es mit dieser neuen Denke kaum erwarten, direkt weiterzuakquirieren. Mir war bewusst: Meine Quote liegt bei 10 % – und da ich 19 Neins am Stück erhalten hatte, war ich einem super Doppelerfolg auf der Spur. Gleich würde das Ja – statistisch verlässlich – gleich zweimal einschlagen! Allein diese neue Perspektive auf dieselbe Situation hat meine innere Einstellung und meinen Erfolg ins Positive gedreht. Nicht die Situation hatte sich geändert, sondern meine Perspektive auf die Situation.
Nutzen Sie diesen Gedanken auch für sich und lassen Sie sich davon beflügeln!

Durch diesen Perspektivwechsel bekam ich ein starkes Gefühl der Selbstbestimmung, das bis heute anhält. Nicht zuletzt dadurch konnte ich nach wenigen Jahren eine Erfolgsquote von über 50 % erzielen!

**So geht's immer gut!**

Sind Sie jetzt schon heiß auf Kaltakquise? Falls Sie noch weitere mentale Starthilfen möchten, gebe ich Ihnen diese gerne:

- **So wird der allererste Schritt ganz leicht**

Klar, manchmal ist der Griff zum Telefon nicht so leicht – gerade zu Beginn Ihrer Akquisetätigkeit. Dann nehmen Sie selbst den Druck raus und entspannen sich jetzt ganz einfach dadurch, dass Sie sich die Erlaubnis geben, hier und jetzt und offiziell (sprechen Sie die nächsten Zeilen gerne laut aus): „Ich erlaube mir, dass ich die ersten zehn Telefonate einfach nur mal mache – egal, wie das Ergebnis ist. Und so wie es kommt, ist es okay für mich. Los geht's."

- **Auf beiden Seiten ist ein Mensch**

Eine der wichtigsten Erkenntnisse ist so banal wie für viele (unbewusst) neu. Am Telefon gilt: Auf beiden Seiten ist ein Mensch!

Wenn bei der Akquise zwei Menschen miteinander verbunden sind, dann heißt das: Da ist kein „Nein-Sager", kein „Abwimmler", kein „Vorzimmer-Drache" am anderen Ende, sondern eben ein Mensch. Wie Sie und ich.

Wenn Sie aber im Geiste (auch unbewusst) einen Vorzimmer-Drachen sehen, dann rüsten Sie sich natürlich und ziehen Ihre mentale Drachentöterrüstung an. Und mit dieser schweren Rüstung gehen Sie dann ins Gefecht … äh … Gespräch. Der arme Mensch, die arme Dame im Vorzimmer, nimmt natürlich wahr, dass ihr Gegenüber hochgerüstet ist und wird ihrerseits auf Verteidigung oder gar Angriff setzen. Machen

Sie Schluss mit der Fabelwelt. Sie sind nicht im Märchen, Sie sind bloß in der Akquise ...!
Sprechen Sie von Mensch zu Mensch, so wie Sie auch mit Bestandskunden sprechen, die Sie kennen und mögen.

- **Nehmen Sie Ihr Wunschergebnis gedanklich vorweg**

Sie kennen sicherlich Sätze wie: „Vorstellung schafft Wirklichkeit" bzw. die „Self-fulfilling Prophecy". Was besagen sie? Wir nehmen mit unseren Gedanken das spätere Ergebnis vorweg und beeinflussen es dadurch bereits im Voraus. Im Positiven wie im Negativen. Viele Menschen gehen (unbewusst) mit einer negativen Erwartung in die Akquise. Ergebnis: Ablehnung.
Machen Sie es künftig (bewusst) anders!

> *Fazit: Das Einzige, was Sie von der festen Überzeugung trennt, dass Sie erfolgreich in der Kaltakquise werden, ist ein Gedanke, der das Gegenteil behauptet.*

Aber auf Ihre Gedanken haben Sie Einfluss – nehmen Sie Ihren Einfluss wahr. Sie werden es sich selbst danken!
Dabei unterstützt Sie Ihr Unterbewusstsein: Es filtert all diejenigen Signale aus dem Gespräch heraus, die zu Ihrer Einstellung bzw. Erwartung passen – und lässt die anderen gar nicht erst zu Ihnen durch!
Sie kennen diese Filter sicher schon aus anderen Situationen: Haben Sie sich in den letzten Jahren ein Auto gekauft? Was für ein Modell war es? Von dem Moment an, wo Sie sich für dieses Modell interessierten, war es da auf einmal überall auf den Straßen präsent?

Diese Autos waren vorher auch schon da, aber Sie haben Sie nicht wahrgenommen. So funktioniert unser Unterbewusstsein.

Setzen Sie Ihren gedanklichen Fokus auf Ihr gewünschtes Ergebnis und nutzen Sie dieses Wirkungsprinzip ab jetzt bewusst für Ihren Akquise-Erfolg:

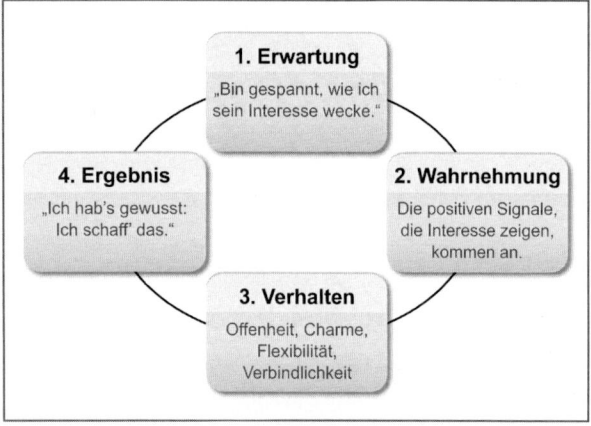

Fazit: Sagen Sie sich z. B. vor jedem Anruf ganz bewusst: „Diesen Kunden will ich auch noch gewinnen und bin gespannt, wie ich sein Interesse wecke. Nicht verkauft habe ich schon, ich kann also nur gewinnen. Los geht's!"

Wenn Sie eine noch viel tiefer gehende „Anleitung für Ihr glückliches Hirn" möchten, dann empfehle ich Ihnen meinen Bestseller „Heiß auf Kaltakquise" (Haufe-Verlag).

# 4 Erst die Zentrale, dann das Vorzimmer erobern

Jetzt ist also der Moment gekommen, in dem Sie gut vorbereitet zum Hörer greifen. Wenn Sie die folgenden Vorgehensweisen umsetzen, werden Sie künftig auch in solchen Fällen zum Entscheider durchgestellt, in denen Sie bislang noch gescheitert sind.

## 4.1 Die Begrüßung: Den Menschen am anderen Ende gewinnen

Mit „Begrüßung" ist ganz einfach Ihre „Meldung" gemeint, in der Sie Ihren Namen und Firmennamen nennen. Und natürlich gibt es eine spezielle Struktur der Begrüßung, die besser funktioniert als andere.

*Bitte beachten Sie: Der Mensch, den Sie im jeweiligen Moment am anderen Ende der Leitung haben, ist immer (!) Ihr wichtigster Gesprächspartner.*
Das gilt auch in der Zentrale bzw. im Vorzimmer. Warum? Weil dieser Mensch darüber entscheidet, ob bzw. wie es für Sie weitergeht.

Machen Sie sich zunächst klar, auf welche Situation Sie treffen: Der Kunde ist an seinem Arbeitsplatz und in Gedanken natürlich mit allem Möglichen beschäftigt – nur sicher nicht mit einem: Ihrem Anruf. Geben Sie dem Angerufenen daher die Möglichkeit, sich auf Sie einzustellen und im Gespräch anzukommen.

Wenn Sie selbst einmal angerufen werden und den Anrufer nicht klar verstehen, was löst das dann in Ihnen aus? Sicher kein gutes Gefühl. Daher ist es wichtig, dass Sie langsam und deutlich sprechen, damit Sie gut verstanden werden. Ich empfehle Ihnen die folgende Begrüßungsstruktur:

Grußwort – Kundennamen – Verbinder –
Ihr Vorname & Nachname – Ihr Firmenname – Pause:

„Guten Morgen Herr Kunde, mein Name ist Martin Müller von der Firma LogiSpeed." Und jetzt lassen Sie eine bewusste Pause, damit der Kunde diese zur Grußerwiderung nutzen kann. So entsteht bereits ein Dialog innerhalb der allerersten Sekunden.

Das ist von großem Wert, weil die meisten Anrufer direkt nach ihrer Begrüßung nahtlos, ohne Pause weitersprechen und der Kunde bereits zu Beginn des Gesprächs das Gefühl bekommt, dass er zugetextet wird. Denken Sie bitte auch daran, den Kundennamen immer in Ihrer Begrüßung zu nennen. Das gebietet allein schon die Höflichkeit. Außerdem ist das wichtig, weil Sie dadurch gleich seine Aufmerksamkeit bekommen.

Unterschätzen Sie nicht die Wirkung der Begrüßung. Mit ihr stellen Sie die Weiche für den weiteren Verlauf des Gesprächs: entweder Richtung „Was ist denn das für einer?" oder in Richtung Aufmerksamkeit für Sie.

Wichtig: Vermeiden Sie Füllwörter à la „Ja, Guten Morgen Herr ..." oder „Ähm, Guten Morgen Herr ..." oder eine über-

trieben „verkäuferische" Begrüßung à la „Einen wunder-
schönen guten Morgen Herr …"
Beides sorgt tendenziell für Ablehnung. Achten Sie auf eine
langsame, deutliche Aussprache, einen sympathischen Ton
in Ihrer Stimme und die geschilderte Struktur in Ihrer Begrüßung – dann haben Sie in den ersten Sekunden bereits das
Bestmögliche getan und den Grundstein gelegt für ein posi-
tives, erfolgreiches Gespräch.

## 4.2  Die Zentrale: So erhalten Sie Namen und Informationen

In der Zentrale gibt es zwei grundsätzliche Szenarien: Sie
kennen den Namen Ihres Ansprechpartners, oder Sie ken-
nen ihn noch nicht. Wenn Sie den Namen bereits wissen, ist
es ganz einfach:
*Sie sagen:* „Guten Morgen, Herr Zentrale, mein Name ist
Martin Müller von der Firma LogiSpeed." Pause
*Zentrale:* „Guten Morgen."
*Sie:* „(Herr Zentrale,) bitte verbinden Sie mich mit Wolfgang
Schmid, Danke schön."
oder
*Sie:* „(Herr Zentrale,) bitte verbinden Sie mich mit dem Vor-
zimmer von Wolfgang Schmid, Danke schön."

Sie kennen den Namen noch nicht? Vielleicht ist es bei Ihnen
wie in vielen Branchen und Ihr gewünschter Gesprächspartner ist der Leiter eines Fachbereichs:
*Sie:* „Guten Morgen Herr Zentrale, mein Name ist Martin
Müller von der Firma LogiSpeed." Pause

*Zentrale:* „Guten Morgen."
*Sie:* „Guten Morgen. Ich brauche bitte mal Ihre Hilfe: Wie heißt gleich noch Ihr Logistikleiter?"

Fragen Sie bitte nicht „Wer ist zuständig für ..." oder „Wer ist mein Ansprechpartner, wenn es um ... geht?" Das sind alte, unglückliche Verkäufer-Formulierungen, die heute keiner gerne mehr hört. Zudem kommen Sie damit auch nicht zum Entscheider, sondern eher zu einem Sachbearbeiter – und schlimmstenfalls nur zum Einkauf. Und da wollen Sie (in den allermeisten Fällen) bitte nicht hin!

Bitte beachten Sie: Wenn Sie den Namen noch nicht kennen, ist die Formulierung „Bitte verbinden Sie mich mit Ihrem Logistikleiter" unglücklich. Warum? Weil wenn Sie jetzt durchgestellt werden, ohne den Namen vorab in Erfahrung gebracht zu haben, dann geht möglicherweise nicht Ihr Ansprechpartner selbst ran, sondern ein Kollege, ein Mitarbeiter oder das Vorzimmer. Aber je nachdem, wer das Gespräch entgegennimmt, muss Ihr Einstieg natürlich ein anderer sein. Deshalb: Achten Sie darauf, dass Sie mit der oben beschriebenen, optimalen Formulierung zuerst den Namen in Erfahrung bringen, bevor Sie sich weiterverbinden lassen.

Wenn in Ihrer Branche der gewünschte Gesprächspartner vorab nicht verlässlich einer gewissen Funktion oder einem Fachbereich zugeordnet werden kann, hilft Ihnen folgende Vorgehensweise:
*Sie:* „(Herr Zentrale,) ich brauche bitte mal Ihre Hilfe: Wer entscheidet in Ihrem Haus über (Ihr Thema)?"

Falls die Zentrale diese Information nicht hat oder nicht sicher weiß, lassen Sie sich zu einem Fachbereichsleiter verbinden, der aufgrund Ihrer Erfahrung am wahrscheinlichsten infrage kommt.

Unabhängig davon, für welche Vorgehensweise Sie sich entschieden haben, erhalten Sie nun einen Namen:
*Zentrale:* „Das ist Herr Schmid."

Jetzt bringen Sie bitte noch seinen Vornamen in Erfahrung, den brauchen Sie nachher nämlich im Vorzimmer! Dafür gibt es zwei Varianten. Natürlich die direkte Frage „Wie heißt Herr Schmid mit Vornamen?". Allerdings mag das hier und da wie ein „Ausfragen" wirken. Deshalb funktioniert die folgende Frage sehr viel besser:
*Sie:* „Ah … (der) Markus Schmid?"
*Zentrale:* „Nein, Wolfgang, Wolfgang Schmid."

Indem Sie einen x-beliebigen Vornamen sagen, lösen Sie am anderen Ende automatisch den Antwortimpuls mit dem korrekten Namen aus.

Vielleicht möchten Sie jetzt noch wissen, ob er ein Vorzimmer hat und den Namen der Dame erfahren:
*Sie:* „Hat er denn ein Vorzimmer?"
Oder:
*Sie:* „Er hat ja sicher ein Sekretariat – wie heißt die Dame?"

Falls Sie auch die Durchwahl möchten: Die direkte Frage mit dem Wort „Durchwahl" löst vielfach einen „Die darf ich Ihnen nicht geben"-Impuls aus. Formulieren Sie daher einfach mal alternativ:

*Sie:* „Für den Fall, dass er nicht da ist, wie erreiche ich ihn direkt?"

Oder

*Sie:* „Für den Fall, dass ich aus der Leitung falle, wie erreiche ich ihn nochmal direkt?"

Behalten Sie weiterhin die Gesprächsführung und sagen dann:

*Sie:* „Herzlichen Dank, bitte seien Sie so freundlich und verbinden mich."

### 4.3 „Worum geht es?": So erobern Sie das Vorzimmer

Häufig werden Sie eine dem Entscheider vorgeschaltete Person antreffen: das Vorzimmer. In den meisten Fällen ist das eine Dame, daher verwende ich auf den folgenden Seiten die weibliche Anrede.

*Wie immer in der Akquise gilt auch im Vorzimmer: Die Gesprächsführung ist das A & O!*

Achten Sie also darauf, dass Sie, wann immer Sie auf eine Frage des Kunden bzw. des Vorzimmers mit einer Aussage antworten, mit einer Frage abschließen, um die Gesprächsführung kontinuierlich zu behalten.

Keine andere Station im Akquiseprozess ist bei den meisten Vertrieblern weniger gern gelitten als das Vorzimmer. Warum eigentlich? Überlegen wir dazu einfach mal, wer da sitzt.

Ein Drache? Ein fieser Wächter, der keinen durchlässt oder gar eine Nein-Sage-Hydra? Nichts von alledem. Da sitzt ein Mensch. Wie Sie und ich. Mit all seinen Bedürfnissen und Wünschen. Begegnen Sie diesem Menschen bitte auf Augenhöhe! Weder überhöhen wir das Vorzimmer noch uns selbst.

Denn: Wie würden Sie sich verhalten, wenn Sie jemand anruft und Sie merken, dass der Anrufer Sie möglichst schnell umgehen will, dass Sie arrogant behandelt werden oder der Anrufer unterwürfig wird?
Dann ist es mit dem Respekt vorbei, und Sie würden an Stelle der Vorzimmerdame sicherlich auch eher blocken, oder?

Noch wichtiger als das, *was* Sie sagen, ist, *wie* Sie es sagen: Durch Ihre Sprechgeschwindigkeit (langsam!), kurze, klare Sätze und Ihre freundliche Stimme wirken Sie angenehm natürlich, verbindlich und respektvoll. Dadurch heben Sie sich in der Wahrnehmung der Dame erfreulich von allen anderen ab und gewinnen ihr Wohlwollen.

**Die Frage „Worum geht es denn?"**
Sie kann zwei Funktionen haben:
- Bitte um Sachinformation

Bevor ein Gespräch zum Chef durchgestellt wird, möchte er oft nur wissen: Wer ist dran, und um was geht es? Die Frage hat hier rein informativen Charakter.
- Bewerten der Sachinformation

Häufig soll das Vorzimmer filtern, Wichtiges von Unwichtigem trennen. Die Frage „Worum geht es?" hat dann bewertende Funktion.

Wir können meist leider nicht einwandfrei erkennen, welche Funktion die Frage jeweils hat. Damit Sie in jedem Falle durchgestellt werden, sollte Ihre Antwort daher beiden Funktionen gerecht werden!

So, bevor Sie gleich ins Gespräch starten, überlegen und reflektieren Sie jetzt bitte kurz, was Sie für gewöhnlich im Gespräch mit dem Vorzimmer sagen. Wie lautet Ihre Formulierung genau?

Meine Empfehlung für Sie ist diese:
*Sie:* „Guten Morgen Frau Vorzimmer, mein Name ist Martin Müller von der Firma LogiSpeed." Pause
*VZ:* „Guten Morgen."
*Sie:* „Grüß' Sie. Ist (der) Wolfgang Schmid heut' schon im Haus?"
oder
*Sie:* „Sagen Sie Frau Vorzimmer, ist (der) Wolfgang Schmid heute schon im Haus?"

Diese Struktur mit Vorname & Nachname plus Erweiterung („... heute schon im Haus?") löst in vielen Fällen den „Worum geht's denn"-Impuls gar nicht erst aus, und Sie werden oft direkt durchgestellt.

Mit dieser einfachen Formulierung wirken Sie vertraut. Das ist der Grund, warum sie so gut funktioniert. Anstatt „... heute schon im Haus" können Sie jede passende Formulierung verwenden: „... heute noch im Haus", „... schon raus aus dem Meeting" o. Ä.

Wichtig: Sagen Sie weder „Herr Vorname Nachname" noch „… zu sprechen". Beides löst den „Worum geht's denn"-Impuls leicht aus. Wenn die Antwort

*VZ:* „Ja, er ist da."

ist, dann sagen Sie einfach:

*Sie:* „Dann verbinden Sie mich bitte kurz und sagen ihm, dass Martin Müller von der Firma LogiSpeed am Apparat ist. Danke schön."

Wenn die Antwort „Nein" ist, dann ganz natürlich:

*Sie:* „Dacht' ich mir fast. Was meinen Sie, wann er heute für zwei Minuten zum Stichwort (Ihr Thema) telefonisch gut erreichbar ist?"

So einfach.

### Umgang mit Worum-geht's-denn-Fragen

So gut die Struktur Vorname & Nachname plus Erweiterung funktioniert, in einigen Fällen werden Sie dennoch ein „Worum geht's denn?" hören. Das heißt, Sie sollten sich darauf vorbereiten, wie Sie mit dieser Frage umgehen – ich wiederhole mich an dieser Stelle gerne: Egal, *was* Sie jetzt gleich sagen, *wie* Sie es sagen, hat mindestens ebenso viel Bedeutung.

„Worum geht es denn?", ist die natürlichste Frage der Welt im Vorzimmer. Kein Grund also, nervös zu werden! Es ist die Aufgabe des Vorzimmers, diese Frage zu stellen. Und *Ihre* ist es, darauf gut vorbereitet (!) zu antworten. Mit den folgenden drei Techniken werden Sie Ihre Durchstellrate deutlich steigern – und auch dort zum Ziel kommen, wo Sie bislang vielleicht noch gescheitert wären. Bitte wählen Sie aus:

### Die Eh-klar-Technik

Die Vorzimmer-Dame fragt „Worum geht's denn?" und möchte genau das kurz & bündig wissen. Da sie es allerdings gewohnt ist, dass die überwiegende Mehrheit der Anrufer genau das Gegenteil tut – sich nämlich langatmig oder unsicher in Erklärungen verliert – folgen Sie künftig ihrer Weisung bitte mit Klarheit und so wenigen Worten wie möglich:

*VZ:* „Worum geht es?"
*Sie:* „Um seine Logistikprozesse, speziell seine Seefrachtsendungen Asien. Bitte verbinden Sie mich mit ihm, Danke schön."

Erklären Sie sich und Ihr Anliegen nicht lange. Sonst laufen Sie nur Gefahr, mit Nervosität und Kaugummisätzen den Ablehnungs-Knopf zu drücken. Achten Sie zudem auf Sie-Sprache („... seine ..." im Beispiel oben). Ich nenne diese Vorgehensweise Eh-klar-Technik, weil es ja eh klar ist, dass sie fragt. Und mindestens ebenso klar ist, dass Sie damit rechnen und darauf gut vorbereitet reagieren.

Falls wider Erwarten in seltenen Fällen eine erneute Nachfrage kommt:
*VZ:* „Kennt er Sie schon?"
*Sie:* „Das ist der Grund meines Anrufs. Bitte verbinden Sie mich mit ihm."

oder

*Sie:* „Das ist der Grund meines Anrufs, zum Thema ‚Seefrachtsendungen Asien' brauche ich seine Entscheidung als Logistikleiter. Bitte geben Sie ihn mir kurz!"

Mit dieser Vorgehensweise bleiben Sie ehrlich und charmant-souverän. Schon beim ersten Mal Ausprobieren werden Sie merken, wie einfach und effektiv Sie damit zum Ziel kommen können!

### Die Selbstverständlichkeits-Technik

Diese können Sie in Verbindung mit der Eh-Klar-Technik verwenden. Sie funktioniert in der Praxis wunderbar:

*Sie:* „Guten Morgen Frau Vorzimmer, mein Name ist Martin Müller von der Firma LogiSpeed." Pause

*VZ:* „Guten Morgen."

*Sie:* „Frau Vorzimmer, Sie möchten ja sicherlich wissen, was der Grund meines Anrufs bei Wolfgang Schmidt heute ist, bevor Sie mich mit ihm verbinden, nicht wahr?"

*VZ:* „Ja, selbstverständlich."

Und jetzt nutzen Sie ganz einfach die Eh-klar-Technik. Achten Sie auf einen charmanten, verständnisvollen Ton. Die Dame im Vorzimmer wird unbewusst denken: „Endlich mal einer, der mich und meine Arbeitsprozesse versteht". Damit lösen Sie ein gutes Gefühl aus. Zudem verpflichtet sie sich durch ihre „Ja"-Antwort innerlich zu einer Wenn-Dann-Kondition: „Wenn er mir die Info gegeben hat, dann verbinde ich ihn".

Dieses Wirkungsprinzip sorgt für eine überdurchschnittlich hohe Durchstellrate.

**Die CEO-Vorzimmer-Technik**

Ganz oben im Kundenunternehmen hat sich diese ausdifferenzierte Strategie bewährt:

*Sie:* „Guten Morgen Frau Vorzimmer, mein Name ist Martin Müller von der Firma LogiSpeed." Pause

*VZ:* „Guten Morgen."

*Sie:* „Grüß' Sie. Weil ich sicher Recht in der Annahme gehe, dass Vorname Nachname just jetzt nicht im Büro ist, brauch' ich bitte Ihre Hilfe, Frau Vorzimmer."

*VZ:* „Ja, wie kann ich Ihnen helfen?"

*Sie:* „Stichwort: (Unsere) strategische Zusammenarbeit im Bereich seiner Asien-Logistik. Dazu möchte ich ihn als Geschäftsführer persönlich treffen – aber nur, wenn es für uns beide Sinn macht. Und damit er das entscheiden kann, lassen Sie uns bitte kurz gemeinsam in den Kalender schauen, wann es ihm für ein kurzes, zweiminütiges Sondierungstelefonat gut passt. Wie sieht es denn in der nächsten Woche konkret bei ihm aus?"

oder

*Sie:* „Stichwort: strategische Zusammenarbeit im Bereich der Asien-Logistik. Dazu brauche ich seine Entscheidung als Geschäftsführer in einem kurzen gemeinsamen Telefonat. Wann passt es ihm für ein zweiminütiges Sondierungstelefonat am besten?"

Verwenden Sie Worte wie „strategisch", „politisch", „entscheiden", „Sondierung" etc. Das sind Signalworte, die auf dieser Ebene Wunder wirken. Einen Termin mit einem hohen Entscheider bekommen Sie nicht so leicht auf Anhieb – einen Telefontermin allerdings schon.

Gehen Sie offenen Herzens und mit Vorfreude in die Gespräche mit dem Vorzimmer. Sie werden sehen: Wenn Sie die Damen charmant behandeln und inhaltlich klar vorgehen, ist das Vorzimmer für Sie künftig keine Hürde mehr, sondern eine Hilfe!

> *Fazit: Sehen Sie das Vorzimmer, als das, was es ist: ein Mensch, wie Sie und ich. Wenn Sie die alten Kommunikationsmuster ersetzen, heben Sie sich erfrischend von allen anderen Anrufern ab – und werden im Vorzimmer ganz einfach und natürlich erfolgreich sein!*

## 5  So gewinnen Sie den Entscheider

In diesem Kapitel bekommen Sie spezielle Gesprächseinstiege, mit deren Hilfe Sie überdurchschnittlich erfolgreich in Ihre Akquise-Telefonate mit Entscheidern starten.

Die folgenden Eröffnungen funktionieren verblüffend einfach. Gleichzeitig sind sie enorm effektiv, weil sie den Abwehr-Impuls gar nicht erst auslösen. Sie ziehen den Angerufenen vielmehr mit Sogwirkung ins Gespräch.

Folge: Er wird gerne mit Ihnen sprechen. Selbst schwierige Gespräche, die bislang schon kurz nach der Eröffnung zu Ende waren, werden Sie in Ihrem Sinne weiterführen können.

Wie in Kapitel 2 bereits diskutiert, machen wir in der Akquise häufig aber genau das, was dann zu dem führt, was wir am meisten fürchten: Misserfolg. Durch die alten Muster nach Schema F sind wir es meist selbst, die die Ablehnung des Kunden auslösen. Damit machen wir jetzt Schluss!

### 5.1  Neue effektive Gesprächseinstiege, die sicher funktionieren

Es ist wichtig, dass Sie gleich zu Beginn eine gute Atmosphäre schaffen. Die Basis dafür stellt Ihre klare, verständliche Begrüßung in freundlichem Ton dar, gefolgt von einer Pause zur Möglichkeit der Grußerwiderung für den Kunden. So entsteht bereits in den ersten Sekunden ein Dialog.

Und jetzt gilt es: Wie ziehen Sie das Interesse und die Aufmerksamkeit des Angerufenen auf sich, auf das gemeinsame Gespräch und Ihr Ziel?

### Der Auf-den-Punkt-Einstieg

„Keine Zeit!", ist eine der meistgehassten Kundenreaktionen. Kriegen Sie das auch manchmal zu hören? Dann habe ich eine Eröffnung für Sie, mit der Sie „Keine Zeit" nie mehr hören werden. Im Gegenteil: Der Angerufene wird künftig „Ja, gerne" sagen. Das heißt, Sie bekommen Zustimmung zum Gespräch und sogar noch eine positive Emotion vom Kunden. Und das genau an der Stelle im Gespräch, an der er bisher „Keine Zeit!" gesagt hätte. Wahrscheinlich denken Sie jetzt „Das geht doch gar nicht", oder? Schauen wir's uns an. Stellen Sie sich einfach mal vor, was im Kopf des Kunden vorgeht, wenn er ein Akquise-Telefonat entgegennimmt: Gerade Entscheider und Menschen, die viel zu tun haben, mögen es nicht, wenn die Anrufer viel reden und nicht zum Punkt kommen. Die Angerufenen werden dadurch ungeduldig, weil sie ihre gefühlt wenige Zeit nicht mit derlei Anrufen vergeuden wollen.

Nutzen *Sie* bitte künftig den folgenden Einstieg immer in Ihren Gesprächen. Damit heben Sie sich in erfrischender Weise von allen anderen ab und bekommen gerade von Menschen, die tatsächlich gefühlt keine Zeit haben, sofortige Aufmerksamkeit und Zustimmung zum Gespräch:

*Müller:* „Guten Morgen Herr Schmid, mein Name ist Martin Müller von der Firma LogiSpeed." Pause
*Logistikleiter:* „Morgen."

*Müller:* „Herr Schmid, darf ich gleich zum Punkt kommen?"
*LL:* „Ja, gerne."

In 99 % der Fälle bekommen Sie mit „Darf ich gleich zum Punkt kommen?" die Reaktion „Ja, bitte" oder „Ja, gerne" etc. Das verspreche ich Ihnen. Sie werden erstaunt sein, wenn Sie es schon beim ersten Mal am Telefon selbst erleben.
Wichtig ist, dass Sie nicht unsicher oder zögerlich sprechen, sondern analog zum Inhalt auch in Ihrem Ton und Ihrer Stimme eine klare Führung vermitteln.

Nutzen Sie diesen Einstieg grundsätzlich nach Ihrer Begrüßung, und Sie erhalten die direkte Aufmerksamkeit des Angerufenen und eine positive Emotion. Sie wissen künftig *vor* jedem Telefonat, dass Sie Zustimmung zum Gespräch bekommen und eine positive Emotion vom Kunden obendrein. Genial einfach, einfach genial.

Der Auf-den-Punkt-Einstieg bietet noch einen ganz entscheidenden Vorteil. Lesen Sie jetzt bitte nochmals das Live-Beispiel oben: Es entsteht ein doppelter Dialog!

Dieser zweifache Austausch in den allerersten Sekunden ist sehr wichtig, gerade weil die meisten anderen Akquisiteure ohne Pause und Dialog „durchtexten", wodurch der Angerufene das Interesse verliert und abblocken wird. Mit dem Auf-den-Punkt-Einstieg brechen Sie das Wahrnehmungsmuster und binden den Kunden von Anfang an aktiv ein. Es entsteht ein ganz natürliches Gespräch zwischen zwei Menschen.

**Der Vorwegnahme-Einstieg**

Diese Technik ist optimal, wenn Sie in einer Branche tätig sind, in der die Kunden bereits einen Partner für Ihr Produkt haben. Hier ist der Einwand „Haben wir schon" in all seinen Varianten ja quasi die Regel.

Die Vorwegnahme-Technik als Gesprächseinstieg ist auch immer dann eine gute Wahl, wenn Sie sehr oft einen gewissen Einwand in Ihren Telefonaten zu hören bekommen.

Die Funktionsweise ist ganz einfach: Der beste Einwand ist der, den der Kunde erst gar nicht bringt. Nehmen Sie ihm den Einwand weg, indem Sie ihn selbst aussprechen. Dadurch bekommen Sie ein Ja und Zustimmung und können gerade an denjenigen Stellen in Ihrem Sinne fortfahren, an denen Ihre Gespräche bislang noch schwierig wurden oder bereits zu Ende waren:

*Müller:* „Herr Schmid, darf ich gleich zum Punkt kommen?"
*LL:* „Ja, gerne."
*Müller:* „Ich gehe sicherlich recht in der Annahme, dass Sie bereits einen Partner für Ihre Logistik haben, oder?"
*LL:* „Ja, selbstverständlich."

Die Qualität Ihrer Gespräche dreht sich durch diesen Einstieg um 180 Grad. Wo früher zum Beispiel ein vom Kunden ausgesprochenes „Wir sind schon versorgt" das Ende des Gesprächs angekündigt hat, bekommen Sie jetzt ein Ja und können Ihr Gespräch einfach fortführen:

*Müller:* „Spitze, dann kennen Sie sich ja aus: Wenn es *eine* Sache im Bereich Ihrer Seefrachtsendungen Asien gibt, von der Sie als Logistikleiter sagen 'Wenn Sie dafür eine Lösung haben, dann möchte ich die gerne sehen'? Was gibt es da bei Ihnen, woran denken Sie spontan?"

alternativ
*Müller:* „Sehr gut, das ist auch der Grund meines Anrufes bei Ihnen heute: Gerade Unternehmen wie Sie, die bereits Partner haben, nutzen uns *in Ergänzung*, wenn es um Spezialthemen der Logistik geht. Welche speziellen Herausforderungen stehen bei Ihnen in der Logistik an?"

Die Vorwegnahme-Technik können Sie natürlich für jeden beliebigen, wahrscheinlichen Einwand nutzen.

### Der Absolute-Musterbrecher-Einstieg

Diese Art der Gesprächseröffnung ist eine ganz besondere. Warum?
Sie machen nichts von all dem, was ein Kunde jemals gehört hat. Oder anders ausgedrückt: Sie nutzen Einstiege, die so anders sind als alles bislang Bekannte, dass Sie ein Lachen beim Kunden erzeugen. Und schon ist das Eis gebrochen und Sie können auf einem ganz neuen, für Sie günstigen Level weiter machen. Es gilt die alte Vertriebsweisheit: „Wer ein Ja und ein Lachen erhält, hat den Kunden schon fast gewonnen." Diese Technik ist die einzige, die inhaltlich keiner fixen Struktur folgt. Vielmehr ist Ihre individuelle Kreativität gefragt!

Um Sie bei Ihrer individuellen Ausarbeitung zu unterstützen, biete ich Ihnen mehrere Beispiele zu Ihrer Inspiration an.

Diese Musterbrecher-Einstiege sind in Trainings gemeinsam mit meinen Teilnehmern entstanden und haben sich in der Praxis bereits optimal bewährt. Achten Sie speziell bei diesen Einstiegen auf einen herzlichen Ton. Und ein vorfreudiges Lächeln hilft zusätzlich ...

*Müller:* „Guten Morgen Herr Schmid, mein Name ist Martin Müller von der Firma LogiSpeed." Pause
*LL:* „Morgen."
*Müller:* „Herr Schmid, darf ich gleich zum Punkt kommen?"
*LL:* „Ja, gerne."
*Müller:* „Ich bin auf der Suche nach neuen Kunden und dachte dabei an Sie!"

Eines ist klar: Sie müssen sich trauen – und es muss zu Ihnen persönlich passen. Auch von Trainingsteilnehmern höre ich häufig „Das kann ich mir kaum vorstellen, dass das bei seriösen Entscheidern funktionieren soll ... das ist doch nicht business-like!" Und nur wenige Wochen nach dem Training berichten mir dieselben Teilnehmer: „Unglaublich, die Musterbrecher funktionieren klasse – und machen Spaß, mir *und* dem Kunden! Hätt ich nicht gedacht!"
Schauen wir uns weitere Beispiele an:

*Sie:* „Die Kaltakquise liegt mir eigentlich überhaupt nicht, aber bei Ihnen, Herr Kunde, musste ich heute einfach eine Ausnahme machen ..."
oder
*Sie:* „Ich bin sicher, heute in einem Jahr werden Sie sagen: ‚Herr Müller, Sie sind unser bester Logistikpartner für die

Seefracht nach Asien!' Herr Kunde, was ist der nun nötige nächste Schritt, damit Sie das in einem Jahr auch wirklich sagen können?"

oder

*Sie:* „Herr Kunde, die nächsten 2 Minuten und 11 Sekunden möchte ich mich mit Ihnen über (Ihr Thema) unterhalten, okay!?"

Meine Empfehlung: Wagen Sie sich ran, probieren Sie's aus – und freuen Sie sich auf die Kundenreaktionen! Sie überraschen den Menschen am anderen Ende so humorvoll, dass er oft gar nicht anders kann, als verblüfft zu schmunzeln oder mitzulachen.

### TT-Special-Einstieg

Mein Ziel war es, über die bereits genannten Techniken hinaus einen so innovativen Einstieg zu entwickeln, dass er branchen- und personenunabhängig immer erfolgreich funktioniert. Rund zwei Jahre und Hunderte von Akquisegesprächen waren nötig, bis dieser Einstieg optimiert war. Nun öffnet er wie ein Generalschlüssel nahezu alle Türen. Diese Technik ist daher auch mein persönlicher Favorit.

Der TT-Special erhält seine hohe Wirkung dadurch, dass er genau diejenigen Fragen direkt beantwortet, die sich jeder Angerufene unbewusst stellt. Was meinen Sie: Welche fünf Fragen stellt sich jeder Angerufene wohl unbewusst? Welche könnten das sein? Hier sind sie:

1. Wer ist das?
2. Was will er?

3.  Wie lange dauert es?
4.  Handelt er in meinem Interesse? (Oder will er mir nur
    was verkaufen?)
5.  Was bringt es mir?

Weil eine oder mehrere dieser Fragen von den meisten An-
rufern nicht direkt in der Eröffnung beantwortet werden,
kommen in der Praxis die unbeantworteten, unterbewuss-
ten Fragen ins Bewusstsein des Kunden. Und ab dann wird
er ungeduldig. Folge: Kein weiteres Interesse am Gespräch.
Wenn Sie künftig in der Lage sind, bereits in Ihrer Eröffnung
die Fragen 1 bis 5 direkt zu beantworten, wird der Angerufene sehr daran interessiert sein, mit Ihnen ins Gespräch ein-
zusteigen.

Der TT-Special-Einstieg funktioniert über folgende Struktur:
• Thematischen Fokus setzen
• Sagen, was Sie wollen
• Entscheidung gefühlt dem Kunden überlassen
• Gesprächsführung beibehalten durch Fragen.

Konkret sieht er so aus:
*Müller:* „Guten Morgen Herr Schmid, mein Name ist Martin
Müller von der Firma LogiSpeed."
*LL:* „Morgen."
*Müller:* „Herr Schmid, darf ich gleich zum Punkt kommen?"
*LL:* „Gerne."
*Müller:* „Zum Thema ‚Optimierung Ihrer Seefrachtsendun-
gen Asien' möchte ich Sie gerne persönlich treffen – aber
nur, wenn das für Sie wirklich Sinn macht. Damit Sie das ent-

scheiden können, hab ich eine kurze Frage, ist das okay?"
*LL:* „Äh, ja ..."

alternativ
*Müller:* „Herr Schmid, darf ich gleich zum Punkt kommen?"
*LL:* „Gerne."
*Müller:* „Wir möchten Ihr zusätzlicher strategischer Logistik-
partner werden – aber nur, wenn das für uns beide wirklich
Sinn macht, dazu eine kurze Frage, okay?"
*LL:* „Äh, ja ..."

Bitte beachten Sie: Das jeweils letzte Wort vor dem „aber"
(„... möchte ich Sie persönlich treffen – *aber nur* ..." – hier
also das Wort „treffen") muss mit dem „aber nur" ausgesprochen zu einem Wort verschmelzen. Erst nach dem Wort
„nur" (betonen!) kommt eine kurze Pause. So erzielen Sie
die optimale Wirkung.

Halten Sie sich eng an die oben genannte Gesprächsstruk-
tur. Den genauen Inhalt können – und sollen Sie – wie bei
allen in diesem Buch vorgestellten Techniken natürlich vari-
ieren. Die Struktur jedoch muss immer dieselbe sein. Dann
wird dieser Einstieg auch für Sie wie ein Generalschlüssel
sämtliche (Kunden-)Türen öffnen. Viel Erfolg damit!

### 5.2 Die Kundenergründung: Überzeugen, ohne zu argumentieren

Durch Ihre gekonnte Gesprächseröffnung haben Sie den Angerufenen „geöffnet", sodass er bereit für ein Gespräch mit

Ihnen ist. Mit gezielten Fragen (der Kundenergründung) gilt es jetzt herauszufinden:

- Welche Aspekte sind für den Kunden in Bezug auf Ihr Thema und Ihr Angebot wichtig?
- Was kann den Kunden zu einem Termin bzw. einem Abschluss motivieren?

Die Kundenergründung ist eine der wichtigsten Phasen im Akquisegespräch – und wird gleichzeitig von der Mehrzahl der Anrufer entweder vernachlässigt oder ganz außer Acht gelassen. Die meisten reden sehr viel mehr von sich und ihrem Angebot, als den Kunden mit gezielten Fragen aktiv einzubinden, ihn in den Mittelpunkt zu stellen und ihm den größtmöglichen Redeanteil zu geben. Folge: Der Kunde merkt, dass sie ihm nur etwas verkaufen wollen – dass sie also mehr Interesse an sich selbst und ihrem Abschluss haben anstatt an ihm, seiner Meinung und der für ihn besten Lösung. Ergebnis: geringe Erfolgs- bzw. hohe Misserfolgsquote. Das ist ja auch klar, denn diese Art des Verkaufens mag kein Kunde mehr.

Deshalb gilt für uns heute im Vertrieb: Ersetzen Sie Ihre Sagetechniken mehr und mehr durch Fragetechniken!
Das Interesse des Kunden gewinnen und individuell überzeugen können wir erst dann, wenn wir vorab die Entscheidungskriterien des Kunden kennen und verstehen. Und wie finden wir heraus, wie der Kunde tickt?
Genau: Mit Fragen! Und zwar mit strukturierten und zielgerichteten Fragen.

*Aus meiner Sicht ist dies die wichtigste Kompetenz im Verkauf überhaupt: Werden Sie ein Meister der Fragetechniken! Denn Meister der Akquise sind Meister der Fragen.*

Sie bekommen dazu auf den Folgeseiten neue, konkrete Ansätze an die Hand, mit denen Sie etwas vermeintlich Unmögliches schaffen werden: Sie werden überzeugen, ohne zu argumentieren – und damit sehr viel leichter als bisher an Ihr Ziel kommen!

Damit Sie noch selbstverständlicher intensiv mit gezielten Fragen arbeiten, schauen wir uns die konkreten Vorteile des Fragenstellens für Ihren Akquise-Erfolg an. Hier sind sieben gute Gründe, warum Sie mehr mit Fragen arbeiten sollten:

1. Sogwirkung: Sie ziehen den Kunden ins Gespräch.
2. Wer fragt, der führt – und die Gesprächsführung ist das A & O in der Akquise!
3. Der Kunde merkt: Sie haben echtes Interesse an ihm – das fördert seine Offenheit ungemein.
4. Sie erhöhen den Redeanteil des Kunden: Internationale Studien kommen zum Ergebnis, dass der Kunde bei erfolgreichen Akquisegesprächen einen Redeanteil von 70 % und darüber hat.
5. Der Kunde findet heraus, was er wirklich will: Mit gezielten Fragen lösen Sie einen Gedankenprozess aus, der am Ende zu einem Erkenntnisgewinn des Kunden führen kann.
6. Sie verstehen die Welt des Kunden und kommen zu Verkaufsansätzen: Durch seine Antworten erhalten Sie konkrete Ansatzpunkte für Ihren Termin bzw. Abschluss.

7. Behauptungen schließen den Geist, Fragen öffnen ihn.

## Die TAXIS Methode

Während meiner Jahre als Angestellter sowohl in der Industrie als auch in der Dienstleistungsbranche habe ich immer wieder eine spezielle Frage in meinen Akquise-Telefonaten eingesetzt, die stets (!) eine unglaublich starke Wirkung hatte. Der Angerufene teilte sich offen mit und nannte mir genau diejenigen Aspekte, die für meinen Erfolg relevant waren: seine Wünsche und Entscheidungskriterien. Entscheidungskriterien sind genau die Kriterien, auf deren Basis der Kunde seine Entscheidung (Termin/Abschluss: ja oder nein) treffen wird.

Als ich mich vor Jahren als Trainer selbstständig machte, habe ich aus dieser einzelnen Frage eine strukturierte Methode entwickelt, die auf vier einfachen und effektiven Fragen basiert. Ihr Nutzen: Sie können mit der TAXIS Methode in den Kopf und in das Herz Ihres Kunden hineinschauen.

Da die TAXIS Methode aus der Praxis für die Praxis entwickelt wurde – und dort sehr erfolgreich in den verschiedensten Branchen im Einsatz ist – empfehle ich Ihnen, sie direkt in Ihr Repertoire mit aufzunehmen. Lassen Sie sich überraschen, wie viel einfacher es damit wird, die Kunden ins Gespräch hineinzuziehen. Ihr Gegenüber wird Ihnen seine Entscheidungskriterien nennen. Sie bekommen sehr tief gehende Hintergrundinformationen und können damit quasi in ihn hineinschauen. Überlegen Sie mal: Was würde es für Sie bedeuten, wenn Sie künftig bei jedem Telefonat spielend einfach die Entscheidungskriterien Ihrer Kunden erfahren würden?

## Die vier Fragen der TAXIS Methode

Wenn Sie also nicht Gedanken lesen können, dann ... versuchen Sie es doch künftig mal mit der TAXIS Methode. Sie setzen sie am besten direkt nach Ihrer Gesprächseröffnung ein. Bevor wir sie im Einzelnen beleuchten und uns die Einbindung in den bisherigen Telefon-Gesprächsverlauf anschauen, stelle ich Ihnen zunächst die Fragen ihrer reinen Struktur nach vor:

„Herr Kunde, wenn Sie an Ihre (Problemlösung / Wünsche etc.) denken,

1. was ist Ihnen dabei wichtig, worauf kommt es Ihnen konkret an?
2. ... und was noch?
3. Was davon ist Ihnen am wichtigsten?
4. Und Ihnen persönlich, Herr Kunde, was liegt Ihnen über die von Ihnen genannten Punkte hinaus persönlich noch am Herzen?

*Einleitung:* „Wenn Sie an Ihre (Problemlösung / Wünsche) denken ..."

Mit dieser Einleitung setzen Sie den thematischen Fokus. Sie führen den Kunden gedanklich genau zu dem Thema, über das Sie mit ihm sprechen möchten. Dabei ist es wichtig, dass Sie den Fokus klar und präzise setzen.

*Frage 1:* „Was ist Ihnen in diesem Zusammenhang wichtig, worauf kommt es Ihnen dabei an?"

Die erste Frage zielt direkt auf die Wünsche und Entscheidungskriterien Ihres Kunden ab. Ganz wichtig: Stellen Sie die erste Frage immer offen (W-Fragen) und doppelt, also

„... was ist Ihnen in diesem Zusammenhang wichtig, worauf kommt es Ihnen dabei an?"
Durch diese bewusste Verdoppelung entfaltet sie eine vervielfachte Sogwirkung. Er wird sich Ihnen mitteilen. Und genau das ist es, was Sie brauchen: einen Kunde, der gerne mit Ihnen spricht!
Bei dieser wie bei allen anderen Fragen können und sollen Sie natürlich Ihre eigenen Worte verwenden.

Die Menschen werden auf eine erste Frage grundsätzlich nie wirklich alles äußern, was sie zu sagen hätten. Das liegt zum einen daran, dass der Gefragte nicht reflexartig an alle Aspekte denkt. Zum anderen, weil er keine bewusste, strukturierte Kriterienliste im Kopf hat. Deshalb ist die zweite Frage ebenso wichtig.

*Frage 2:* „Und was ist Ihnen darüber hinaus noch wichtig?"
Achten Sie darauf, dass Sie diese Frage unbedingt als offene Frage stellen. Also nicht: „*Gibt* es sonst noch etwas?", sondern: „*Was* gibt es sonst noch, das Ihnen wichtig ist?"

*Bitte beachten Sie:* Die TAXIS Methode ist hoch effektiv, um sämtliche Entscheidungskriterien Ihres Kunden konkret in Erfahrung zu bringen. Gleichzeitig gilt: Für den telefonischen Erstkontakt mit der Zielsetzung Termin benötigen Sie nicht alle Kriterien. Der Vorteil der TAXIS Methode für die Kaltakquise liegt vor allem darin, dass sich der Kunde mitteilt.
*Für gewöhnlich reicht es für Ihre erfolgreichen Akquisetelefonate aus, wenn Sie die erste bzw. die ersten beiden Fragen konsequent einsetzen!*

Anhand der Antworten des Kunden können Sie konkrete Ansatzpunkte für Ihren Termin heraushören und direkt zum Abschluss überleiten.

Später im persönlichen Vor-Ort-Gespräch oder wenn Sie am Telefon verkaufen, arbeiten Sie am besten mit allen vier Fragen.

Nur wenn Sie alle Fragen einsetzen wollen (im Termin vor Ort bzw. im Telesales): Nach der zweiten Frage werden Sie noch nicht alles wissen, was den Kunden bewegt. Deshalb kann es sinnvoll sein, diese zweite Frage erneut zu stellen. Nutzen Sie die zweite Frage der TAXIS Methode dann so oft, bis Sie den Eindruck haben „Jetzt hat er wirklich alles genannt". Wählen Sie bei der Wiederholung der zweiten Frage aber eine andere Formulierung, sie sollen ja nicht wie ein Roboter klingen. Zum Beispiel: „Worauf legen Sie darüber hinaus weiteren Wert?", „Was wünschen Sie sich außerdem noch?". Dazu bedarf es kommunikativen Feingefühls. Der Kunde soll sich schließlich weder ausgefragt vorkommen noch ungeduldig werden.

*Frage 3:* „Von Ihren genannten Punkten A, B, C (diese wiederholen!), Herr Kunde, was davon ist Ihnen am wichtigsten?" Warum ist die Priorisierung der Kundenwünsche wichtig, was meinen Sie? Sie erfahren, worauf der Kunde seinen Fokus legt – und können dann Ihren eigenen Fokus in Ihrer Argumentation bzw. Angebotserstellung darauf ausrichten.

Bislang sprachen Sie mit Ihrem Kunden über seine Business-Entscheidungskriterien.

*Frage 4:* Diese Frage zielt darüber hinaus direkt auf die persönlichen Kriterien des Menschen und damit auf die Ableitung des persönlichen Nutzens ab:
„Herr Kunde, eine letzte Frage an Sie persönlich: Über die genannten Kriterien hinaus, was liegt Ihnen persönlich noch am Herzen?"

Eine sensible Frage, ja, definitiv. Gleichzeitig wichtig. Warum? Der Business-Nutzen ist das, was der Kunde kauft. Der persönliche Nutzen ist der Grund, *warum er bei Ihnen kauft.* Wenn Sie also auch noch die persönlichen Wünsche des Kunden in Erfahrung bringen können, dann haben Sie die höchsten Abschlusschancen. Deshalb ist diese Frage auch so besonders. Sie erfordert spezielles kommunikatives Geschick.

## Einbindung der TAXIS Methode ins Gespräch

Und jetzt schauen wir uns an, wie die TAXIS Methode in den Gesprächsfluss kommt (wieder am Beispiel von Herrn Müller, der einen Termin mit dem Logistikleiter des Großhandelsunternehmens Huber GmbH vereinbaren will):
*Müller:* „Guten Morgen Herr Schmid, mein Name ist Martin Müller von der Firma LogiSpeed."
*LL:* „Morgen."
*Müller:* „Herr Schmid, darf ich gleich zum Punkt kommen?"
*LL:* „Ja, bitte."
*Müller:* „Wir möchten Ihr zusätzlicher strategischer Logistikpartner werden – aber nur, wenn das für uns beide wirklich Sinn macht, dazu eine kurze Frage, ist das okay?"
*LL:* „Äh, ja ..."

*Müller:* „Wenn Sie an einen zusätzlichen Logistikpartner denken – so wie Sie ihn sich wünschen: Was muss der aus Ihrer Sicht können, worauf kommt es Ihnen konkret an?

Die folgende Variante ist immer dann Ihre Wahl, wenn es ein voraussichtlich schwierig zu knackender Kunde ist.
Beispiel mit Zuspitzung der TAXIS Methode auf einen konkreten Aspekt:

*Müller:* „Zum Thema ‚Optimierung Ihrer Seefrachtsendungen Asien' möchte ich Sie gerne persönlich treffen – aber nur, wenn das für Sie wirklich Sinn macht. Damit Sie das entscheiden können hab' ich eine kurze Frage an Sie, ist das okay?"
*LL:* „Äh ja, machen Sie mal ...“
*Müller:* „Wenn es *eine* Sache im Bereich Ihrer Seefrachtsendungen Asien gibt, die noch nicht immer 100-prozentig so läuft, wie Sie sich das als Logistikleiter wünschen, welche *eine* Sache ist das? Woran denken Sie spontan?"

Sie werden in der Praxis feststellen, wie selbstverständlich sich die Kunden im Anschluss mitteilen. Durch diese Art der Gesprächsführung (nicht lange bla bla „Wir sind..., wir machen ..., wir haben ..., wir tun ...“ – also von sich selbst zu reden –, sondern mit gezielten Fragen direkt auf den Kunden einzugehen) wird sich die Qualität Ihrer Gespräche maßgeblich von „push“ auf „pull“ drehen. Also nicht mehr (über-) reden, sondern den Kunden kommen lassen. Das macht die Akquise – für beide Seiten! – sehr viel angenehmer und Ihre Telefonate einfacher.

Das Allerbeste: In den meisten Fällen brauchen Sie im Anschluss an die TAXIS Methode gar keine Argumentation mehr! Klingt komisch, ist aber so. Denn: Es ist ein psychologisches Phänomen, dass derjenige, der einen anderen Menschen gedanklich durch dessen Wünsche und Bedürfnisse hindurchführt, gleichzeitig als derjenige angesehen wird, der die Lösung dafür haben wird. Dies wird der Gefragte unbewusst annehmen. Und dieses Prinzip wirkt in der Praxis. Das nenne ich: Überzeugen, ohne zu argumentieren!

Durch die Antworten des Kunden bekommen Sie direkte Ansatzpunkte für Ihren Abschluss und können – ohne Argumentation – den Sack direkt zumachen.

*Müller:* „Wenn es *eine* Sache im Bereich Ihrer Seefrachtsendungen Asien gibt, die noch nicht immer 100-prozentig so läuft, wie Sie sich das als Logistikleiter wünschen, welche *eine* Sache wäre das? Woran denken Sie spontan?"
*LL:* „Ja, gut, also da ist das Thema der Hubs, da haben unsere Partner zum Teil verlängerte Lieferzeiten, weil sie alles zentral über die großen Verladestationen abwickeln – das deckt sich nicht immer 100 % mit unseren Wünschen ..."
*Müller:* „Ah ja, versteh' Sie. Was wünschen Sie sich da konkret?"
*LL:* „Ganz einfach: kürzere Zeiten durch dezentrale Prozesse!"
*Müller:* „Das ist auch der Grund meines Anrufs bei Ihnen heute: Mit uns als Partner können Sie kürzere Zeiten durch dezentrale Prozesse erreichen. Ich schlage vor: Machen Sie sich Ihr eigenes Bild, wie das für Sie genau aussehen kann.

Wann passt es Ihnen in der nächsten Woche am besten, was meinen Sie?"

*LL:* „Mh, dann lassen Sie uns den Dienstagfrüh, 9 Uhr, nehmen, ja!?"

Probieren Sie es aus! Es ist eine wunderbare Vorgehensweise. Ihre Kunden fühlen sich wertgeschätzt und verstanden. So macht Akquise Spaß: Sie erhöhen die Qualität und vor allem die Tiefe Ihrer Gespräche – mit direkten Auswirkungen auf Ihre Erfolgsquote.

Klar, nicht immer geht es so flüssig, wir erleben auch Einwände am Telefon. Wie Sie mit diesen effektiv umgehen, schauen wir uns gleich in Kapitel 5.4 an.

**Praxis-Tipps zur Umsetzung der TAXIS Methode**
- Es geht nicht um Ihre Fragen, sondern um die Antworten des Kunden! Hören Sie daher aktiv zu und notieren Sie unbedingt seine Kriterien.
- Sie sind kein Frageroboter, sondern sprechen von Mensch zu Mensch. Nutzen Sie deshalb sprachliche Verbinder zwischen den Antworten und Ihren Fragen („Ja, ein wichtiger Punkt … darüber hinaus, was gibt es sonst noch, was Ihnen am Herzen liegt?")
- Präzisieren Sie durch Verständnisfragen allgemein gehaltene Kundenaussagen („Ah ja, versteh' Sie. Was wünschen Sie sich da konkret?")
- Wiederholen Sie die genannten Kriterien hier und da wortwörtlich. So entsteht ein hohes Maß an gefühltem Verständnis.

- Sammeln Sie die Kunden-Kriterien. Erst danach folgt Ihre Argumentation (falls überhaupt noch nötig).
- In der Telefonterminierung reichen meist die ersten beiden Fragen.

### 5.3 Argumentation aus Kundensicht

Die Argumentation aus Kundensicht ist eine wichtige Kernkompetenz im Verkauf. „Nutzenargumentation" ist der klassische Begriff dafür. Ich habe mich allerdings für die Bezeichnung „Argumentation aus Kundensicht" entschieden, weil darin noch präziser zum Ausdruck kommt, worum es geht: um den Perspektivwechsel in der Nutzenargumentation. Nicht wir oder unsere Produkte stehen im Mittelpunkt, sondern der Nutzen für den Kunden. Aus seiner Sicht.

In den meisten Fällen bedarf es bei der Telefonterminierung, wie gesagt, gar keiner langen Argumentation. Klar, wenn Sie übers Telefon verkaufen, dann müssen Sie früher oder später argumentieren.
Wenn Sie aber anrufen, um einen qualifizierten Termin zu vereinbaren, dann muss das nicht sein. Sie müssen weder Ihr Unternehmen noch Ihre Produkte am Telefon verkaufen – Sie sollen es auch gar nicht!

*Verschießen Sie Ihr Pulver nicht bereits am Telefon! Vielmehr gilt es, einen Spannungsbogen zum Termin aufzubauen!*

Weil aber viele Verkäufer drauf losargumentieren, ohne dass der Kunde bereits „im Gespräch angekommen ist", geschweige denn geäußert hat, was ihm wichtig ist, verlaufen viele Akquisegespräche ohne Erfolg.

Machen Sie es besser: Geben Sie dem Kunden (nur) genau das, was er hören will! Das heißt, fragen Sie ihn erst, bevor Sie Argumente anbringen. Sobald Sie wissen, was für ihn wichtig ist und seine Entscheidungskriterien kennen, können Sie Ihren Nutzen mit wenigen Argumenten, individuell und konkret, auf den Punkt bringen!

Es spielt dabei keine Rolle, was Ihre Produkte können. Es ist einzig ausschlaggebend, was sie dem Kunden aus seiner Sicht bringen.
Getreu dem Motto: Es zählt nicht, *was* wir machen, sondern *was das für den Kunden bewirkt.*
Und das muss er auch verstehen! Es liegt also an uns Verkäufern, dies jedem einzelnen Kunden individuell zu vermitteln.

Wenn es Ihnen gelingt, Ihren Nutzen aus seiner Sicht und *mit seinen Worten* darzustellen, dann haben Sie gewonnen. Denn: Der Kunde wird gegen seine eigenen Worte sicher keine Einwände bringen. Machen Sie also den Perspektivwechsel in der Nutzenargumentation – dann haben Sie die besten Chancen!
Wie das genau geht, das schauen wir uns jetzt an:

### Wir unterscheiden Merkmal – Vorteil – Nutzen
Häufig verwechseln wir Merkmale bzw. Vorteile mit dem Nutzen! Und gerade wenn wir von unseren Lösungen überzeugt

oder selbst Fachexperten sind, dann präsentieren wir stolz und bis ins letzte Detail die Features und Finessen unserer Produkte. Kunden interessiert aber nur eines wirklich: Die konkrete, individuelle Beantwortung der Frage „Was bringt mir das!?". Es zählen also nicht die Produkte, ihre Merkmale und allgemeine Vorteile, sondern ausschließlich der konkrete Nutzen – und zwar aus Kundensicht, individuell!

• Merkmale
Das sind die Eigenschaften, Features, Bestandteile eines Produkts. Es kann sich dabei um die Lebenszeit, die Leistung/Funktion, die Handhabung, die Integration in bestehende Prozesse o. Ä. handeln. Merkmale haben rein deskriptiven Charakter. Beispiel:
„Ich biete Praxis-Akquise-Trainings an, bei denen Sie alle neuen Techniken schon im Training anhand Ihrer 1:1-Praxisfälle einüben."
Das klingt für Sie schon wie ein Nutzen? Es ist jedoch nur die *Beschreibung* meines Produkts.

• Vorteile
Diese zeigen, inwieweit die Merkmale des Produkts für den Kunden eine Hilfe sein *können*. Vorteilsargumente haben allgemeinen Charakter. Sie können Nutzenargumente sein – aber nur, wenn der Kunde vorher geäußert hat, dass er genau das will.
Beispiel:
„Sie werden einen direkten, messbaren Praxistransfer mit meinen Trainings erzielen."

- Nutzen

Der Nutzen ist immer konkret greifbar und individuell! Darin unterscheidet er sich vom Vorteil. Der Nutzen stellt die Übersetzung der Vorteile dar: Inwieweit wird Ihre Lösung dem Kunden ganz konkret helfen? Auf dieser Argumentationsebene haben Sie die höchsten Erfolgschancen.

Um wirkliche Nutzenargumentation betreiben zu können, benötigen Sie in jedem Fall Informationen vom Kunden über seine Entscheidungskriterien, seine Wünsche und seinen Bedarf. Und zwar vor Ihrer Argumentation! Beispiel: Wenn der Kunde möchte, dass sein Vertriebsteam die Erfolgsquote in der Telefonakquise verdoppelt:

„Nach dem Training werden Ihre Vertriebler ihre Erfolgsquote am Telefon verdoppeln."

**Praxis-Tipps zur Argumentation aus Kundensicht**

Erfahrungsgemäß haben Sie es in der Argumentation aus Kundensicht am einfachsten, wenn Sie folgende Formulierungsstruktur in vier Schritten verwenden:

1. Wiederholung des Kundenwunsches
2. Formulierung: „Dadurch dass ... + Merkmal / Vorteil"
3. „Das heißt für Sie konkret ... + Nutzen"
4. Geschlossene Abschlussfrage à la „Ist es das, was Sie möchten?"

Beispiel:

(...)

*Müller:* „Wenn es *eine* Sache im Bereich Ihrer Seefrachtsendungen Asien gibt, die noch nicht 100-prozentig 1:1 so läuft, wie Sie sich das als Logistikleiter wünschen, welche *eine* Sache ist das? Woran denken Sie spontan?"

*LL:* „Ja, gut, also da ist das Thema der Hubs, da haben unsere Partner zum Teil verlängerte Lieferzeiten, weil sie alles zentral über die großen Verladestationen abwickeln – das deckt sich nicht immer 100 % mit unseren Wünschen ..."

*Müller:* „Ah ja, versteh' Sie. Was wünschen Sie sich da konkret?"

*LL:* „Ganz einfach: kürzere Zeiten durch dezentrale Prozesse!"

*Müller:* „Das ist auch der Grund meines Anrufs bei Ihnen heute: Mit uns als Partner können Sie kürzere Zeiten durch dezentrale Prozesse erreichen. Ich schlage vor: Machen Sie sich Ihr eigenes Bild: Wann passt es Ihnen in der nächsten Woche am besten?"

*LL:* „Langsam, langsam ... ohne weitere Informationen, ob sich ein Treffen wirklich lohnt, sag ich keine Termine zu. Da müssen Sie mir schon noch klarer vermitteln, dass ein Treffen Sinn macht."

*Müller (lacht):* „Selbstverständlich. Sie möchten kürzere Zeiten durch dezentrale Prozesse ... und dadurch, dass wir nicht nur mit einem einzelnen, zentralen Hub arbeiten, sondern unsere Verladestationen in jedem einzelnen Land stationiert sind, heißt das für Sie konkret: kürzere Lieferzeiten durch dezentrale Prozesse. Deckt sich das mit Ihrem Wunsch?"

*LL:* „Ja, das tut es."

*Müller:* „Gut, Herr Schmid, wann passt es Ihnen dann am besten für ein gemeinsames Gespräch, in dem Sie sehen, wie die individuelle Umsetzung für Sie konkret aussehen kann?"

*LL:* „Mh, dann lassen Sie uns den Dienstagfrüh, 9 Uhr, nehmen, ja!?"

Warum ist die Argumentation aus Kundensicht auf diese Weise so stark?
1. Weil Sie Fragen stellen, *bevor* Sie Argumente anführen.
2. Weil Sie Ihren eigenen Nutzen mit den Worten des Kunden wiedergeben. Und gegen seine eigenen Worte wird er kaum Einwände haben ...

Testen Sie's und Sie werden sehen, wie selbstverständlich es auch in Ihren Gesprächen funktioniert.

### 5.4 „Keine Zeit, kein Interesse, schicken Sie Unterlagen": So führen Sie diese Gespräche gekonnt weiter

Um es gleich auf den Punkt zu bringen: Wenn Sie die folgenden Methoden zum Umgang mit Einwänden in Ihrer Praxis einsetzen, wird Ihre Erfolgsquote allein dadurch enorm steigen! Gespräche, die aufgrund von Einwänden des Kunden bislang zu Ende waren, können Sie künftig in Ihrem Sinne weiterführen.
Die Effektivität dieser Techniken wird Ihnen das sichere, gute Gefühl geben, dass Ihnen kaum ein Einwand mehr etwas anhaben kann. Denn: Kein Kunde steht morgens auf und denkt sich einen neuen, noch nie dagewesenen Einwand aus. Es sind immer dieselben Einwände, die Sie am Telefon hören ...

**Einwandbehandlung: Was Sie konkret beachten sollten**
Mit Einwänden professionell umzugehen, ist für die meisten

Menschen eine der größten Herausforderungen im Verkaufs-
bzw. Akquiseprozess. Warum? Weil wir unsicher werden.
Doch das muss nicht sein: Wenn Sie sich *einmal* professionell auf die Einwände Ihrer Kunden vorbereiten, dann sind
Sie für alle Zeiten auf der sicheren Seite. Sie wissen künftig
immer ganz genau, was Sie sagen können, um das Gespräch
in Ihrem Sinne charmant weiterzuführen. Und machen Sie
sich immer wieder bewusst: Es sind immer dieselben (wenigen, überschaubaren) Einwände, die Sie in der Praxis hören.

Wenn der Kunde das Für und Wider rational abwägt und
dann Nein sagt, dann liegt der Einwand auf der Sachebene.
In diesem Fall handelt es sich um einen inhaltlich begründe-
ten Einwand, einen wirklichen Sachgrund, den es zu analy-
sieren und zu lösen gilt.

In der Telefonakquise liegen die meisten Einwände jedoch
auf der Beziehungsebene: Der Angerufene setzt sich erst
gar nicht sachlich vertieft mit uns und unserem Angebot auseinander, vielmehr hat er oft einfach keine Lust auf ein Akquisegespräch und blockt ab. In diesem Fall handelt es sich
um einen vorgeschobenen Einwand (Vorwand).
In der Praxis macht es allerdings keinen Sinn, bezüglich der
Vorgehensweise zwischen Einwand und Vorwand zu unter-
scheiden, denn: Wir müssen mit dem, was der Kunde uns
erwidert, ohnehin umzugehen wissen.

Erinnern Sie sich: Viele Akquisiteure steigen nach den alten
Mustern, die kein Angerufener mehr hören will, in die Gespräche ein und lösen damit bereits das Ablehnungsmuster

des Kunden aus. Man kann ganz einfach sagen: Die meisten Einwände werden vom Verkäufer selbst provoziert! Wenn Sie mit den Methoden dieses Buches arbeiten, machen Sie das nicht mehr. Sie werden künftig weit weniger Einwände zu hören bekommen.

Immer noch hält sich selbst unter Vertriebstrainern die Meinung, das Ziel der Einwandbehandlung sei es, den Kunden vom Gegenteil seiner jetzigen Meinung zu überzeugen. Der Kunde benötige noch ein schlagkräftiges (Gegen-)Argument, wenn er einen Einwand äußert. Genau das ist allerdings nicht effektiv, meist sogar kontraproduktiv. Warum? Weil das Naturgesetz gilt: Druck erzeugt automatisch Gegendruck.

Wenn ein Kunde einen Einwand bringt, wie z. B. „Kein Interesse", nehmen wir das meist als Druck war. Wenn wir dann mit „Ja, aber …" reagieren bzw. dagegen argumentieren à la „Aber wir haben eine ganz neue Innovation, die …", dann ist das psychologischer Gegendruck.
Konsequenz: Die Druck-Gegendruck-Spirale geht weiter. Bis einer aufgibt oder vom anderen aus dem Gespräch verabschiedet wird. Und das ist in der Praxis dann meistens nicht der Kunde, sondern der Verkäufer. So geht's also nicht. Wie dann?

Das Ziel der Einwandbehandlung kann nur sein: im Gespräch bleiben. Oder besser gesagt: Das Ziel ist, charmant ins Gespräch zurückzukommen – gerade an den Stellen, an denen der Kunde versucht, uns aus der Leitung zu bekommen. Das geht eben nicht über Argumente, sondern nur mit öffnenden Fragen.

*Es gilt: Einwände wachsen mit (Gegen-)Argumenten, erlöschen hingegen mit Verständnis und öffnenden Fragen!*

**Die häufigsten Einwände und die effektivsten Techniken damit umzugehen**

Haben Sie einmal ganz bewusst reflektiert und die Einwände, die Sie in der Praxis hören, aufgeschrieben und gesammelt? Kaum einer macht das. Haben wir allerdings einmal alle unsere Einwände der Praxis gesammelt, sie ins Bewusstsein gebracht und uns darauf vorbereitet, dann sind wir optimal gewappnet.

Deshalb machen wir diese Vorbereitung jetzt gemeinsam. Lesen Sie bitte erst weiter, nachdem Sie sich jetzt zwei Minuten genommen und alle Ihre Kunden-Einwände in der Kaltakquise notiert haben.

So. Jetzt haben Sie erstmals alle Ihre Kunden-Einwände klar vor Augen. Sind gar nicht so viele unterschiedliche, oder?

Im Folgenden schauen wir uns sämtliche Einwand-Klassiker an und die in der Praxis effektivsten Methoden, mit diesen Einwänden erfolgreich umzugehen. Dabei ist wichtig – wie immer – dass Sie authentisch sind und bleiben. Deshalb bekommen Sie von mir verschiedene Varianten und Alternativen für jeden Einwand, sodass Sie individuell daraus auswählen können.

Lassen Sie sich darüber hinaus inspirieren, wenn Sie eigene Formulierungen entwickeln wollen.

Zwei letzte, mir sehr wichtige Aspekte: Gehen Sie spielerisch ran an die Einwandbehandlung! „Jonglieren" Sie mit den folgenden Techniken. Sie sind ganz einfach kombinierbar. Und nehmen Sie die Einwandbehandlung sportlich. Wenn Sie drei Einwände behandelt haben, jeweils wieder zurück ins Gespräch gekommen sind und der Kunde dann einen vierten bringt: Gehen Sie freundlich aus dem Gespräch! Drei Einwände – wenn sie denn kommen – zu behandeln, das sehe ich allerdings als unsere akquisitorische Verantwortung an.

In der Praxis fallen die meisten Anrufer leider schon beim ersten Kundeneinwand um. Wenn Sie die folgenden Techniken konsequent einsetzen, wird Ihnen das künftig nicht mehr passieren!

Schauen wir uns nun die verschiedenen Einwände der Praxis an.

### Die Einwand-Klassiker

Als Trainer treffe ich jede Woche viele Menschen, die im B2B-Vertrieb arbeiten. Branchenübergreifend sind es immer dieselben Einwände, die wir so oder so ähnlich in der Akquise hören. Hier sind diejenigen, die am häufigsten auftreten:

- Der Zeit-Einwand: „Ich hab jetzt keine Zeit."
- Der Bestandslieferanten-Einwand: „Wir sind bestens versorgt."
- Der Unterlagen-Einwand: „Schicken Sie mir erst mal was zu."
- Der Kein-Bedarf-Einwand: „Wir haben derzeit keinen Bedarf."

- Der Kein-Interesse-Einwand: „Daran hab ich kein Interesse."

Sollten nicht alle Einwände, die Sie sich notiert haben, dabei sein, dann versichere ich Ihnen: Auf Basis Ihres Verständnisses der folgenden Techniken wird es Ihnen leicht gelingen, auch für Ihre darüber hinausgehenden Einwände die optimalen Methoden zu entwickeln.

**Direkte Anwendung: So funktionieren die Techniken konkret**

Zunächst stelle ich Ihnen die einzelnen Methoden kurz vor – und dann gehen wir direkt in die praktische Anwendung anhand des jeweiligen Einwands.

**Die Vorwegnahme-Technik**

Sie funktioniert ganz einfach: Sie sprechen den möglichen Kunden-Einwand selbst aus und nehmen ihn dem Kunden quasi bewusst weg. Damit der Kunde den Einwand nicht selbst vorbringen kann, müssen Sie diese Technik bereits bei der Eröffnung Ihrer Gespräche anbringen. Deshalb haben wir sie auch schon in Kapitel 5.1 bei der Gesprächseröffnung behandelt.

Die Vorwegnahme-Technik ist die einzige aktive Einwandbehandlungstechnik. Wir (re-)agieren nicht, wir agieren.

In allen Fällen, in denen der Kunde den Einwand ausgesprochen hat, läuft die optimale Einwandbehandlung immer über folgende Struktur:

1. Einwand des Kunden
2. Energie ableiten
3. Kunden mit Fragen öffnen.

### Die Bedingte-Zustimmungs-Technik

Hier handelt es sich um das „Druck-Ableiten"-Prinzip. Oder anders formuliert: Seien Sie das Wasser, nicht der Fels – und lassen Sie Unrat einfach vorbeischwimmen ...

Sie gehen also nie gegen die Energie eines Einwands vor, sondern sie leiten sie zunächst ab. Kunden sind es in der Praxis gewohnt, Gegendruck zu bekommen. Wenn Sie hingegen künftig Verständnis und Akzeptanz zeigen, öffnen sich die Kunden unterbewusst wieder. Bedingte Zustimmung bedeutet, dass Sie dem Kunden nicht voll zustimmen, sondern nur auf der Beziehungsebene (Verständnis für den Menschen und seine Meinung). Inhaltlich (Sachebene) stimmen Sie nicht zu.

Verwenden Sie diese Technik immer (!), bevor Sie eine der folgenden einsetzen!

### Die Gegenfrage-Technik

Diese Technik ist so einfach wie ihr Name: Sie stellen als Reaktion auf einen Einwand eine Frage. Mit Fragen öffnen Sie den Kunden, er muss sich mitteilen und Sie können so wieder zurück zu Ihrem roten Faden kommen.

Nutzen Sie die folgenden Methoden konsequent! Sie bleiben damit im Gespräch oder kommen wieder dahin zurück.

**Der Zeit-Einwand: „Ich habe jetzt keine Zeit."**
Dieser Einwand ist in vielen Branchen der meistgehörte. Für
Sie kann dieser Einwand ab jetzt für immer der Vergangen-
heit angehören. Sicher haben Sie das Kapitel 5.1 bereits ge-
lesen und wissen schon, wie?! Starten Sie in Ihre Telefonate
nach der Begrüßung grundsätzlich mit dem

* Auf-den-Punkt-Einstieg:
*Kunde: „Schmid."*
*Sie:* „Guten Morgen Herr Schmid, mein Name ist Martin Mül-
ler von der Firma LogiSpeed."
*Kunde:* „Morgen."
*Sie:* „(Herr Schmid,) darf ich gleich zum Punkt kommen?"
*Kunde:* „Ja, gerne."

Der Angerufene wird auf diese Eröffnung immer mit „Ja, gerne" o. Ä. antworten. Das heißt, Sie bekommen sogar eine positive Emotion vom Kunden! Das wird Ihre eigene Zuversicht
und Einstellung ungemein positiv verändern. Es ist schlicht
ein verdammt gutes Gefühl zu wissen, dass Sie künftig immer das Okay und eine freundliche Reaktion zu Beginn Ihrer
Gespräche bekommen!

**Der Bestandslieferanten-Einwand: „Wir sind bereits gut
versorgt."**
Dieser Einwand in all seinen Varianten ist ebenfalls ein Klas-
siker. Auch für diesen Einwand haben Sie in Kapitel 5.1 bereits eine erste Möglichkeit kennengelernt:

- Die Vorwegnahme-Technik

*Sie:* „(Herr Schmid,) darf ich gleich zum Punkt kommen?"
*Kunde:* „Ja, gerne."
*Sie:* „Ich gehe sicherlich recht in der Annahme, dass Sie bereits einen Partner für Ihre Logistik haben, oder?"
*Kunde:* „Ja, selbstverständlich."

Jetzt können Sie auf unterschiedliche Arten fortfahren. Wie genau, das haben wir bereits in Kapitel 5.1 vollständig besprochen.

- Die Bedingte-Zustimmungs-Technik

Stichwort: Unrat vorbeischwimmen lassen.
Sie ist die erste reaktive Technik, das heißt, der Kunde hat den Einwand irgendwann im Verlauf des Gesprächs selbst ausgesprochen und wir müssen reagieren:
*Kunde:* „Danke, wir sind gut versorgt im Bereich Logistik!"
*Sie:* „Ah, versteh' Sie."
Das ist die Kurzversion. So einfach.

Die Langversion lautet zum Beispiel:
*Sie:* „Ah, versteh' Sie, gerade im sensiblen Bereich der Logistik ist es ja wichtig, verlässliche Partner zu haben."
In beiden Fällen leiten Sie die Energie des Einwands ab und zeigen Verständnis. Ihr Kunde spürt, dass Sie nicht zum Angriff blasen. Er wird seine Hab-Acht-Haltung mehr und mehr aufgeben und sich wieder öffnen. Wenn Sie daraufhin gezielte Fragen stellen, werden Sie im Anschluss in den meisten Fällen Antworten des Kunden bekommen. Und damit sind Sie wieder zurück im Gespräch!

Wichtig: Setzen Sie die Bedingte-Zustimmungs-Technik immer (!) als direkte Erstreaktion auf einen Kundeneinwand ein! Danach muss es natürlich ohne Pause direkt weitergehen. Diese Technik darf nicht alleine stehen, Sie müssen die Gesprächsführung behalten. So können Sie direkt anknüpfen:

• Die Gegenfrage-Technik
*Kunde:* „Danke, wir sind gut versorgt im Bereich Logistik!"
*Sie:* „Ah, ich versteh' Sie. Wenn Sie jetzt mal an Ihre Logistik und im Speziellen an besonders sensible Prozesse denken: Was ist Ihnen da wichtig? Worauf kommt es Ihnen dabei an?"
Sicherlich erkennen Sie diese Struktur bereits: Es handelt sich um die TAXIS Methode (s. Kapitel 5.2). Gerade in der Kaltakquise ist sie ungemein effektiv: Durch die Verdoppelung der offenen Frage zu den Wünschen des Kunden entfaltet sie eine hohe Sogwirkung und zieht die Gedanken des Kunden wieder ins Gespräch hinein. Sie werden überrascht sein, wie selbstverständlich Sie jetzt Antworten des Kunden bekommen!

Alternative 1:
*Sie:* „Ah, spitze, das ist gut. Gerade Unternehmen wie Sie, die bereits Partner für Ihre Logistik haben, nutzen uns in Ergänzung, wenn es um Spezialthemen und sensible Prozess geht: Welche Spezialthemen haben Sie? Welche Themen werden bei Ihnen künftig immer wichtiger?"

Alternative 2 – Ihr Ass im Ärmel!
Wenn der Kunde – das passiert nur in seltenen Fällen – auf

Alternative 1 und 2 nochmals sagt „Nein, wir sind gut versorgt", dann hilft die folgende Turbo-Technik, mit der Sie immer (!), egal wie hart der Kunde ist, noch weiter kommen:
*Sie:* „Herr Kunde, dann hab ich nur noch eine letzte Frage, ist das okay?"

In der Praxis wird jeder Kunde denken „Na gut" und wird sagen „Ja, okay". Also: Auch so kommen Sie selbst in den härtesten Situationen nochmal zurück ins Gespräch. Beispiel:

*Kunde:* „Nein, wie ich schon sagte, wir sind bestens versorgt."

*Sie:* „Alles klar, Herr Kunde, dann hab ich nur noch eine letzte Frage, ist das okay?"

*Kunde:* „Okay."

*Sie:* „Wenn es *einen* Aspekt im Bereich Ihrer Logistik gibt, der Ihnen aktuell unter den Nägeln brennt: Welcher ist das? Welchen *einen* Aspekt hätten Sie gerne optimiert?"

Durch diese Zuspitzung entfaltet die TAXIS Methode in Extremsituationen eine noch stärkere Wirkung. Denken Sie immer daran, die Frage zu verdoppeln! Die allermeisten Kunden werden sich jetzt mitteilen, und Sie sind zurück im Gespräch.

**Der Unterlagen-Einwand: „Schicken Sie mir erst mal was zu."**

Es mag Kunden geben – wenn auch äußerst wenige –, die sich wirklich informieren möchten, bevor sie einem Termin zustimmen oder uns eine Anfrage zusenden. In der überwiegenden Mehrzahl der Fälle ist „Schicken Sie erst mal Unterlagen" oder „Schicken Sie mir ein Angebot" (Letzteres ohne vertieftes Gespräch bislang) aber nichts anderes als ein vorgeschobener Einwand! Die Kunden wissen aus Erfahrung, dass sie uns mit dieser Aussage leicht loswerden.

Wenn es unser Ziel ist, einen Termin zu bekommen (bzw. am Telefon zu verkaufen), dann haben wir unser Ziel schlicht verfehlt, wenn wir Unterlagen oder Angebote „einfach so" versenden. Zudem verschwenden wir unsere wertvollste Ressource Zeit mit dem Versenden und Nachtelefonieren bei Kunden, die gar kein wirkliches Interesse haben.

- Die Bedingte-Zustimmungs-Technik
*Kunde:* „Schicken Sie erst mal Unterlagen."
*Sie:* „Versteh' Sie."
bzw.
*Sie:* „Ah, gern, Sie möchten sich vorab informieren."
Das ist dann die Langversion.
Im Anschluss können Sie wunderbar weitermachen mit der:

- Gegenfrage-Technik
*Kunde:* „Schicken Sie erst mal Unterlagen."
*Sie:* „Ah, versteh' Sie, Sie möchten sich vorab informieren. Damit Sie nur genau *die* Unterlagen bekommen, die Sie wirklich interessieren, hab ich eine letzte Frage, ist das okay?"
*Kunde:* „Bitte ..."
*Sie:* „Wenn Sie an Ihre Logistikprozesse nach Asien denken, was ist Ihnen dabei wichtig? Was kann Sie da konkret unterstützen?"
oder
*Sie:* „Wenn es *einen* Aspekt im Bereich Ihrer Logistik gibt, der Ihnen aktuell unter den Nägeln brennt: Welcher ist das?

Welchen *einen* Aspekt hätten Sie gerne optimiert?"
Sie sehen, es geht immer nach demselben, einfachen Prinzip. Nun kommen Sie wieder in ein vertieftes Fachgespräch und können anhand der Antworten des Kunden Richtung Abschluss marschieren.

Eine weitere Variante:
*Kunde:* „Schicken Sie erst mal Unterlagen."
*Sie:* „Ah, versteh' Sie. Herr Kunde, aus Ihren Worten entnehme ich, dass Sie sich vorab informieren möchten, bevor wir uns treffen – wenn Sie allerdings aus Höflichkeit nach Unterlagen fragen, in Wirklichkeit aber kein Interesse haben, dann lade ich Sie ein, seien Sie gerne ganz offen und sagen das frei raus. Das ist völlig okay!"

Was halten Sie davon? Gefällt Ihnen nicht, weil Sie dann wahrscheinlich aus dem Gespräch fliegen? Meine Meinung: Lieber einen reinen Arbeitsverursacher als solchen erkennen und auf zum nächsten Telefonat mit mehr Potenzial – anstatt sich festzubeißen, wo's eh keine Chance gibt. Tatsächlich antworten in der Praxis aber mindestens 50 % der Kunden in der Art:

*Kunde:* „Naja, wissen Sie, man bekommt halt schon viele Anrufe ... und wenn ich jedem einen Termin geben würde, käm ich zu nix anderem mehr."
*Sie:* „Ja, da versteh' ich Sie, Herr Kunde. Dann hab ich nur noch eine letzte Frage, ist das okay?"
*Kunde:* „Ja, okay."
*Sie:* „Was muss Inhalt und Ergebnis eines gemeinsamen

Gesprächs zum Thema Asien-Logistik sein, dass Sie sagen ‚Wenn Sie das können, dann will ich das sehen'? Woran denken Sie da?"

**Der Kein-Bedarf-Einwand: „Wir haben derzeit keinen Bedarf."**
Dieser Einwand kommt bei Ihnen sicher auch häufig vor, oder? So führen Sie Gespräche künftig gekonnt in Ihrem Sinne weiter:

- Die Vorwegnahme-Technik kombiniert mit Musterbrecher

*Sie:* „Herr Kunde, ich gehe sicherlich Recht in der Annahme, dass mein Anruf *alleine* noch keinen zusätzlichen Bedarf an Logistikleistungen bei Ihnen auslöst, oder?"
Sie werden sehen, so kommt es zu einer gelösten Stimmung und einem einfacheren Gespräch. Im Anschluss empfehle ich Ihnen den TT-Special zur Fortführung des Gesprächs (siehe Kapitel 5.1).

- Die Gegenfrage-Technik mit Weichenstellung

*Kunde:* „Wir haben da momentan keinen Bedarf."
*Sie:* „Ah, versteh' Sie. Wenn Sie sagen ‚kein Bedarf', dann weil Sie bereits gut versorgt sind oder in der Richtung nichts einsetzen?"

Jetzt kommen zwei mögliche Antworten: Wenn er sagt „Wir sind versorgt", dann fahren Sie mit den für diesen Einwand bereits besprochenen Varianten fort. Wenn er sagt „Aktuell kein Thema", dann passen Sie bitte auf: Fragen Sie jetzt ja

nicht danach, wann Sie sich wieder melden können! Behalten Sie Ihr Ziel so lange im Auge, bis Sie es erreicht haben:
*Kunde:* „Das ist aktuell kein Thema."

Alternative 1
*Sie:* „Ah, ich versteh Sie, Sie haben aktuell andere Prioritäten. Welche Themen im Bereich Ihrer Logistik sind für Sie aktuell so relevant, dass Sie dafür gerne eine Lösung hätten?"

Alternative 2
*Sie:* „Ah, verstehe Sie. Welches *eine Thema* ist für Sie aktuell so relevant, dass Sie sagen ‚Wenn Sie dafür eine Lösung haben, dann will ich die sehen'?, welches *eine* Thema gibt's da aktuell bei Ihnen?"

Sie sehen, es gibt auch hier diverse Möglichkeiten, die Situation aufzulösen.

**Der Kein-Interesse-Einwand: „Daran hab ich kein Interesse."**
Kommt bei Ihnen sicher auch ähnlich häufig vor wie „Kein Bedarf", oder? Diese beiden Einwände sind sich sehr ähnlich – entsprechend auch in der Art der Behandlung:
Sie können beim Umgang mit dem Einwand „Kein Interesse" alle Techniken nahezu 1:1 so einsetzen, wie beim Einwand „Kein Bedarf". Nutzen Sie daher die dort genannten Techniken bitte analog.

Abschließend nochmals der Hinweis: Sie kennen aus Erfahrung die Einwände, die Sie in Ihrer Akquise-Praxis hören –

sammeln Sie diese und erarbeiten sich dafür Ihre optimalen Einwandbehandlungstechniken schriftlich sauber aus. Damit sind Sie für alle Zeiten gewappnet, denn: Egal, was der Kunde sagt, Sie können (vorbereitet) darauf reagieren – und Sie werden nie mehr kalt erwischt … im Gegenteil!

### 5.5 Der Abschluss: So holen Sie sich das Ja des Kunden

Jetzt gilt's: Wir sind in der entscheidenden Gesprächsphase. Und da ist es nur logisch, dass Sie gerade dann, wenn es um den Abschluss geht, das Gespräch aktiv führen. Nämlich zum gewünschten Ergebnis.
Sie lenken den Kunden mit Abschlusstechniken zu einer klaren Entscheidung und ernten damit die Früchte Ihrer vorhergehenden Bemühungen.

Unter Abschlusstechniken verstehen wir alle Maßnahmen, mit denen wir aus eigener Initiative unser Gesprächsziel herbeiführen. Gesprächsziele können sein: der qualifizierte Termin, das Commitment des Kunden, eine Anfrage zu senden, der Auftrag etc.
Abschlusstechniken sind entweder Fragen – geschlossene, wir wollen ja eine Entscheidung des Kunden – oder Aufforderungen.

Beispiele:
*Sie:* „Gut, Herr Kunde, dann schlage ich vor: Wir treffen uns in der nächsten Woche, und Sie machen sich Ihr eigenes Bild unserer Lösung. Wann passt es Ihnen gut: z. B. Montag nächster Woche?"

oder

*Sie:* „Gut, dann schlage ich vor, ich komme morgen zu Ihnen, bringe auch gleich die Unterlagen mit und wir klären Ihre Fragen."

oder

*Sie:* „Nachdem nun alle Ihre Fragen geklärt sind: Kommen wir ins Geschäft?"

**Abschlusssignale des Kunden erkennen und nutzen**

Kunden senden im Gespräch meist Zustimmungssignale, also Zeichen, die uns zu verstehen geben, dass sie „abschlussreif" sind. Allerdings überhören viele Verkäufer in der Praxis diese Signale. Seien Sie deshalb sensibel für das, was der Kunde sagt und wie er es sagt. Hören Sie aktiv zu!

Damit Sie Abschlusssignale am Telefon sicher erkennen, sind hier die wichtigsten in der Übersicht:

- Konkrete Nachfragen des Kunden zu dem von Ihnen Gesagten: „Wie sieht das genau aus?"
- Verbale Zustimmung wie „interessant", „aha, ja".
- Eines der wichtigsten, aber meist von uns meist nicht wahrgenommenen Signale: Der Kunde teilt sich mit, er antwortet auf Ihre Fragen.

Besonders wenn er im Telefonat anfänglich eher zurückhaltend war, Einwände gebracht hat und dann auf Ihre Fragen antwortet, dann ist das ein 100-prozentiges Abschlusssignal!

> *Fazit: Sobald Sie ein Abschlusssignal wahrnehmen, schließen Sie bitte ab!*

Das können Sie ganz charmant machen:

*Kunde:* „Wie soll das genau aussehen?"

*Sie:* „Herr Kunde, das ist auch der Grund meines Anrufs bei Ihnen heute: Wie die mögliche Umsetzung für Sie konkret aussieht, dass lassen Sie uns gerne persönlich besprechen. Wann passt es Ihnen dafür in der nächsten Woche gut?"

Jede weitere Argumentation ist an dieser Stelle des Telefonats unnötig bzw. kontraproduktiv. Sie brauchen am Telefon nicht zu verkaufen. Ihr Ziel ist der Termin. Dort besprechen Sie alles.

Verschießen Sie also wie besprochen nicht Ihr Pulver am Telefon. Bauen Sie vielmehr einen Spannungsbogen zum Termin auf, indem Sie auf eine konkrete Rückfrage hin direkt zum Abschluss überleiten.

Im Telesales entfällt natürlich der Weg über einen Termin. Deshalb schließen Sie bei einer konkreten Rückfrage des Kunden noch nicht direkt ab, sondern lassen zunächst die individuelle Argumentation aus Kundensicht folgen. Danach schließen Sie ab.

Eines gilt in jedem Fall: Sobald Sie abschließen können, tun Sie es bitte auch!

Nach dem Abschluss ist jede weitere Argumentation nicht mehr zielführend.

Dann gilt es nur noch eines zu tun:

**So verabschieden Sie sich nach dem Abschluss professionell**

Angenommen, der Kunde hat zugestimmt, Sie haben Ihr (Etappen-)Ziel erreicht. Wenn Sie Ihren Abschluss also in der Tasche haben und das Gespräch beendet ist, ist es sehr wichtig, dass der Kunde seine Entscheidung über den Zeitpunkt Ihres Gesprächs hinaus nicht bereut. Allgemein nennt sich das Kaufreue bzw. Terminreue. Das haben Sie persönlich als Kunde sicher auch schon erlebt. Kaufreue bzw. Terminreue führt zu nachträglichen Absagen. Soweit darf es nicht kommen. Der Kunde muss vielmehr das gute und sichere Gefühl haben, die richtige Entscheidung getroffen zu haben. Um das bei ihm auszulösen, gehen Sie am Ende Ihres Telefonats über folgende Struktur vor:

1. Positive Emotion
*Sie:* „Gut, Herr Kunde, ich freue mich auf unser Gespräch am ...“

2. Erläuterung des weiteren Prozederes
*Sie:* „Sie erhalten jetzt direkt im Anschluss an unser Telefonat eine E-Mail von mir (, in der ich die gemeinsam besprochenen Inhalte nochmals kurz für Sie ausführe.) Darin finden Sie natürlich auch meine Kontaktdaten. Falls Sie im Vorfeld unseres Treffens noch Fragen oder weitere Wünsche haben, kommen Sie gern auf mich zu! Sagen Sie mir bitte dazu noch kurz Ihre E-Mail-Adresse.“

Beispiel Telefonverkauf:

*Sie:* „Herr Kunde, Sie erhalten jetzt direkt im Anschluss an unser Telefonat eine E-Mail von mir (, in der ich die gemeinsam besprochenen Inhalte nochmals kurz für Sie aufführe.) Darin finden Sie natürlich auch meine Kontaktdaten. Klicken Sie einfach auf „Antworten" und senden mir Ihre Anfrage retour. Sie bekommen dann binnen zwei Tagen Ihr individuelles Angebot."

3. Bekräftigung der Kundenentscheidung
*Sie:* „Sie werden im persönlichen Gespräch (bzw. Angebot) einen klaren Eindruck bekommen, welche Möglichkeiten sich für Sie mit unserer Lösung ergeben. Damit haben Sie eine fundierte Basis, auf der Sie dann entscheiden können."

4. Nochmals eine positive Emotion zum Abschluss
*Sie:* „Gut, Herr Kunde, dann wünsche ich Ihnen noch einen schönen Tag."

Halten Sie das, was Sie in Ihrer Verabschiedung versprechen, in jedem Fall ein. So dürfen Sie darauf vertrauen, dass auch Ihr Kunde seine Zusage einhalten wird.

> *Fazit: Kaltakquise kann einfach und erfolgreich sein – und Spaß machen. Ihnen und Ihren Kunden! Viel Erfolg und noch mehr Freude bei der Umsetzung, das wünsche ich Ihnen von Herzen!*

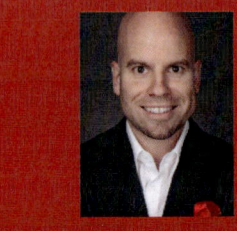

### Über den Autor

Tim Taxis ist der Experte für nachhaltige Geschäftskunden-Akquisition und Dozent an der ESB Business School der Hochschule Reutlingen. Der diplomierte Betriebswirt war viele Jahre in verschiedenen Vertriebspositionen in der Industrie und im komplexen Dienstleistungsgeschäft tätig.

tt@tim-taxis.de

2007 gründete er sein Unternehmen Tim Taxis Trainings und zählt heute zu den renommiertesten Vertriebstrainern und -speakern im deutschsprachigen Raum.

Zu seinen Kunden gehören DAX-Konzerne, klassische Mittelständler sowie internationale Marktführer.

Sie wollen noch mehr Tipps?

Unter www.tim-taxis-trainings.de können Sie sich kostenlos für Tim Taxis' Akquise-Praxis-Tipps anmelden.

Der Autor bietet allen Lesern über Inhouse-Trainings hinaus offene Seminare an. Alle Termine finden Sie auf www.tim-taxis-trainings.de

Außerdem von Tim Taxis erschienen: Der Akquise-Bestseller „Heiß auf Kaltakquise. So vervielfachen Sie Ihre Erfolgsquote am Telefon" Haufe, 2011 ISBN: 978-3648019917 230 Seiten, 24,80 €